ワンダードッグ 人に寄り添う犬たち

日本初のファシリティドッグ〝ベイリー〟とその仲間たちの物語

モーリーン・マウラー　ジェナ・ベントン／著
特定非営利活動法人シャイン・オン・キッズ／監訳
齋藤めぐみ／翻訳

緑書房

Wonder Dogs :
True Stories of Extraordinary Assistance Dogs
by MAUREEN MAURER with JENNA BENTON

Published by Revell
a division of Baker Publishing Group

Published in association with the Books & Such Literary Management, California,
www.booksandsuch.com and Tuttle-Mori Agency, Inc., Tokyo

最初からビジョンを共有してくれた
メアリー・キングとモモ・モナハンへ

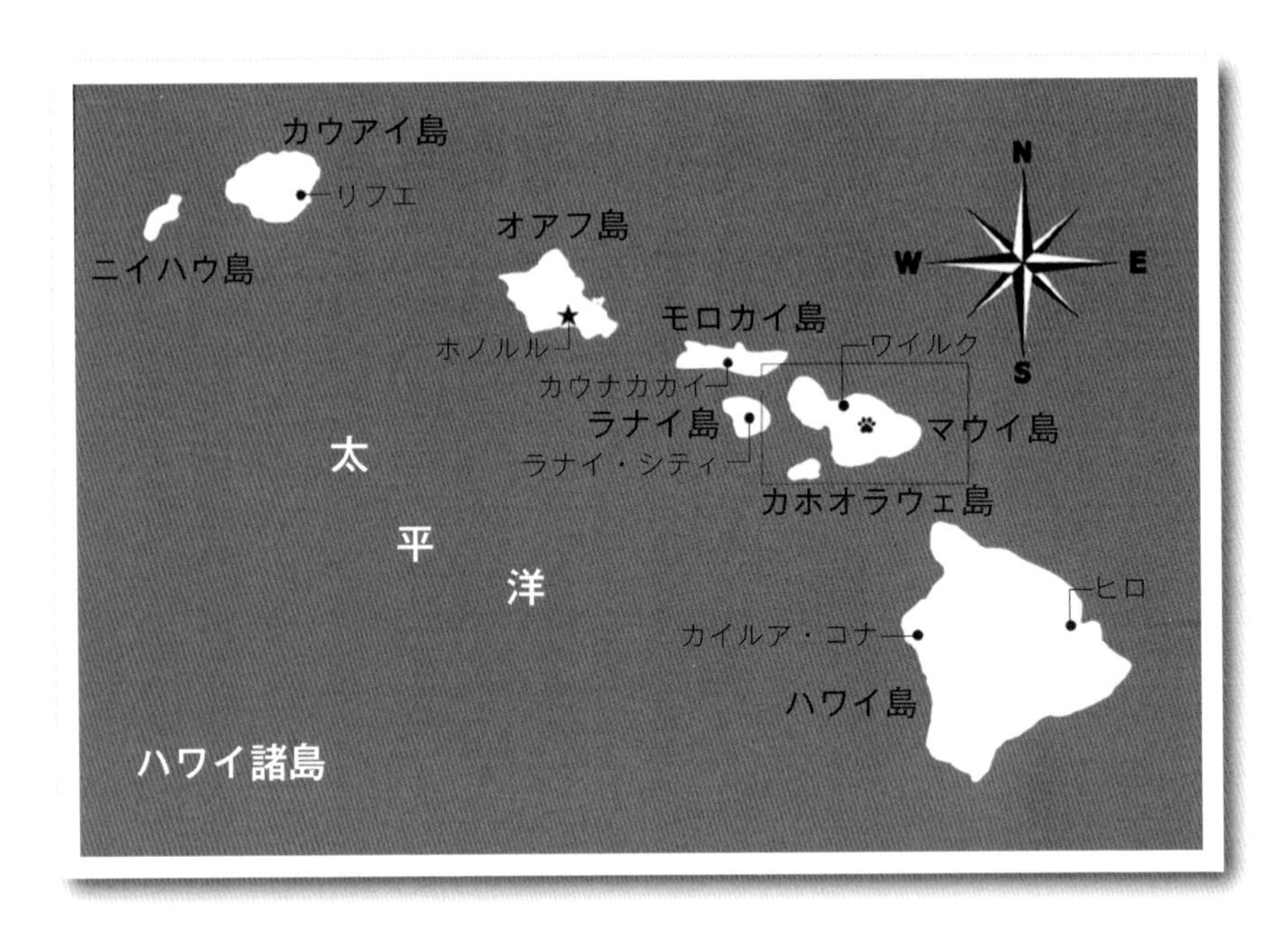
カウアイ島
リフエ
ニイハウ島
オアフ島
ホノルル
モロカイ島
カウナカカイ
ワイルク
ラナイ島
ラナイ・シティ
マウイ島
カホオラウェ島
太
平
洋
ヒロ
カイルア・コナ
ハワイ島
ハワイ諸島
N
W
E
S

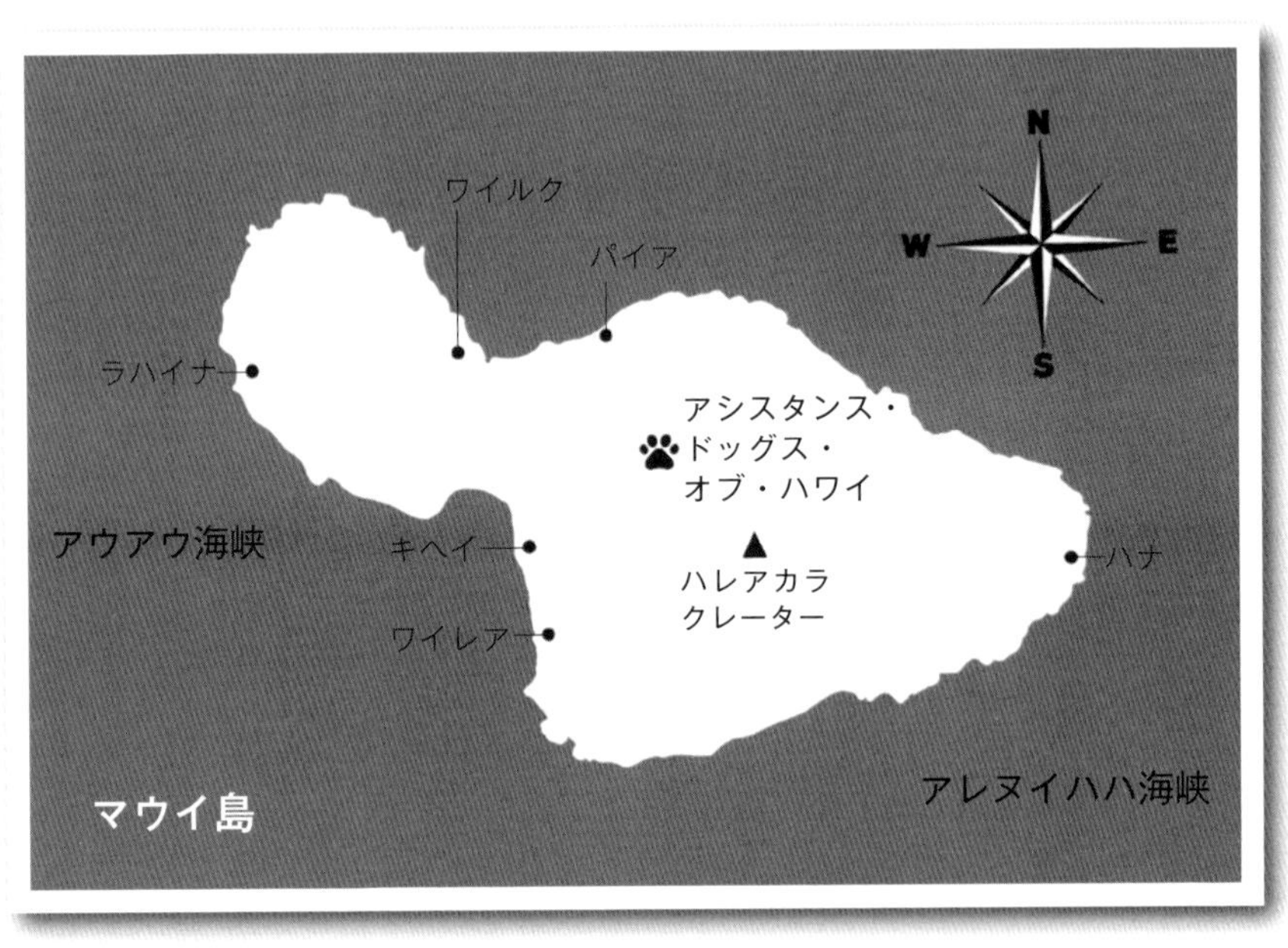
ワイルク
パイア
ラハイナ
アシスタンス・
ドッグス・
オブ・ハワイ
アウアウ海峡
キヘイ
ハレアカラ
クレーター
ハナ
ワイレア
マウイ島
アレヌイハハ海峡
N
W
E
S

目次

＊1～16のエピソードにおいては、関係者のプライバシー保護のため、一部の名前や詳細は変更されています。なお、特別な記載がない写真はすべて、著者および「アシスタンス・ドッグス・オブ・ハワイ」のものです。

＊日本語版オリジナル付録は、特定非営利活動法人シャイン・オン・キッズが企画し、まとめたものです。

謝辞

多くの方々と犬たちのおかげで、この本を一冊にまとめることができました。私はその一人ひとり、一頭一頭に感謝しています。第一に私の夢を叶える手助けをしてくれた素晴らしい夫、ウィル。彼なしではこのプログラム、私のキャリア、そしてこの本は実現できませんでした。また、亡き母にも深い感謝を捧げます。母は大きな夢を追いかける私をいつも励ましてくれました。さらに、私が長年憧れてきた、犬を飼うという夢を叶えてくれた人です！　私の想いを理解し、励ましてくれた姉妹たちと、犬への愛を分かち合ってくれた父にも感謝します。父は自ら手本となって、困っている人を助けることの意義を私に教えてくれました。そして、忘れてはならないのが私と同じ時間を過ごした犬たち――セイディとサムソン。この原稿を書いている間、ずっと私のそばにいて、たくさんの問いかけに辛抱強く答えてくれました。

ステファニー・ヘッセマーとロビン・ジョーンズ・ガンは、「アシスタンス・ドッグス・オブ・ハワイ」（訳注、285ページ参照）が与えられた使命を果たす中で、多くの人々や犬たちとの出会いを通して、多様な試練にあうかもしれないけれど、それ以上に素晴らしい経験をするにちがいないと示唆してくれました。

彼らは私に素晴らしい代理人、ジャネット・コボベル・グラントを紹介してくれました。彼女と一緒に仕事をできて私は幸せでした。才能豊かなビジネスパートナーのジェナ・ベントンは、私と共にプログラムを実現するための熱意と豊かな知恵を提供してくれました。

この本は、出版社Revellの才能豊かなチーム――特に私を支え、導いてくれた優秀な編集者であるヴィッキー・クランプトンとクリスティン・アドキンソンなしでは実現できませんでした。

私を助けてくれた多くの友人たちに心から感謝しています。クリスティン・フォン・クライスラーは出版の過程で私を指導し、インスピレーションと励ましとユーモアを与えてくれました。デビー・サザーランドは洞察に満ちたアドバイスと意見をくれました（彼女は猫派なのに！）。私の素晴らしい友人であるマイケル・ガートナーは、経験に基づく編集の専門知識でサポートしてくれました。マーシャ・サーヴァーは私が書きなぐった下書きを読み解き、粘り強く清書してくれました。また、アマンダ・タラリコ、ケイト・マッコイ、マーヴ・ドール、キミー・セギン、グレース・タラリコ、ヴァネッサ・ヴィズエテが与えてくれた貴重なアドバイスにも感謝を捧げます。

この文章を書きながら、私は「アシスタンス・ドッグス・オブ・ハワイ」のオハナ（訳注、ハワイ語で家族の意味）の全員――私たちの手元から旅立ち、想像もしていなかった困難に立ち向かう品格と勇気を兼ね備えた私の教え子たち、ユーザーを助けるために期待以上のことをしてくれる介助犬とファシリティドッグたち、そしてすべてを可能にしてくれる献身的なボランティアと寛大なサポーターの方々を身近に感じることができました。

そして何よりも、私の祈りに応えて、私に2度目のチャンスを与えてくださった神に感謝します。自分の目的を見つけられたことを幸せに感じると共に、多くの方の人生に変化をもたらす機会を与えてくださったことに感謝しています。

モーリーン・〝モー〟・マウラー（Maureen “Mo” Maurer）

「あなたは犬好きかしら？」初めてモーと面談したときに尋ねられた私は、一瞬、間を空けて答えました。

「ええ、好きな方だと思います」私は慎重に言葉を続けました。「ただ子どもの頃、犬が飛びかかってきて怖い思いをしたことがあるんです。でも今は平気ですし、犬は素晴らしいことを知っています」少し驚いたような表情を見せながらも、微笑んだモーは、それ以上、質問を重ねることなく、私を採用してくれました。

モーは私に、犬について学べるすべてにチャレンジすることを勧めました。モーがハワイに続いて設立した「アシスタンス・ドッグス・ノースウェスト」で子犬のクラスに参加し、トレーニング中の犬たちとの触れ合いも経験しました。補助犬のユーザーやその家族に何時間もインタビューをし、彼らの心の強さと、自ら体験したことを惜しみなく共有してくれる姿勢に感動しました。

ホノルルの「クイーンズ・メディカル・センター」の廊下を歩き回り、ファシリティドッグたちの仕事ぶりを観察しました。ウェンディに会って、タッカーとリリアナの話（訳注、「1/タッカー、天職を見つける」参照）を聞いたときには涙が止まりませんでした。私はセイディと一緒にユーカリの森を抜ける小道を歩いたのですが、想像を超えて、息を飲むような美しさでした。

私がモーの自宅のキッチンテーブルでパソコンに向かう間、気立てのいいゴールデン・レトリーバーは足元に横たわり、彼のやわらかな毛が私のつま先を包み込んでいました。私が犬に対して抱いていた考えは以前とは180度変わりました。犬は、神から私たちに与えられた贈り物なのです。

すでにみなさんはおわかりかもしれませんが、モーとウィルのマウラー夫妻は、直接彼らを知らない人からは想像もできないほど素晴らしい方たちです。疲れ知らずで、聡明で、親切で、愉快なふたりが、私を彼らの世界に迎え入れ、友人と呼んでくれたことに、私は一生感謝するでしょう。

モーと共に歩むきっかけを与えてくれたエージェントのジャネット・コボベル・グラント、才能ある編集者のヴィッキー・クランプトンに感謝します。シンディ・コロマ、限りない友情と確かなアドバイスをありがとうございます。

私の家族と友人たち、そして私の執筆をサポートしてくれたチームのみんなにも、この物語があなたたちのことを導き、冒険の旅へと向かうきっかけになればと願っています。私の子どもたちへ。ママに協力してくれて、ママが執筆できる環境を整えてくれてありがとう。あなたたちのママでいられて幸せです。夫であり、親友のデビッドへ。あなたを愛しています。あなたがいなかったら、今の私はいません。最後に、私の母へ、この文章を読んでほしかったです。今とてもあなたに会いたいです。

ジェナ・ベントン（Jenna Benton）

＊訳注、本書の舞台、アメリカにおける「アシスタンスドッグ（補助犬）」とは、ファシリティドッグ、盲導犬、介助犬、医療探知犬などの総称として用いる。一方、日本での「補助犬」は身体障害者補助犬法で定義された盲導犬、聴導犬、介助犬のみを指す。国内での「ファシリティドッグ」は、特定非営利活動法人シャイン・オン・キッズによる小児病院への導入が始まり。固定の医療施設に常勤し、医療従事者のハンドラーと共に活動する。アシスタンスドッグについて詳しくは、278ページからの「解説」を参照。

Wonder Dogs

True Stories of Extraordinary
Assistance Dogs

MAUREEN MAURER
with JENNA BENTON

1／タッカー、天職を見つける

人生には2つの生き方しかない。奇跡などないかのように生きるか、すべてが奇跡であるかのように生きるかだ。

アルベルト・アインシュタイン

2005年　クリスマス

南国の暖かい空気がカフルイ空港を吹き抜け、マウイ島を訪れる大勢の旅行者を歓迎しているようでした。遠くに白波の立つ太平洋やヤシの木々が見える通路を通り、エスカレーターを降りて手荷物受取所へ向かう旅行者たちは、心浮き立つ様子を見せていました。私はどこからか流れるハワイアン・ミュージックやプルメリアの甘い香りに包まれ、手荷物受取所の前にあるベンチに座り、貨物室のドアを見つめながら、わくわくする気持ちを抑えられずにいました。今まさに、この島の私の家に特別な訪問者を迎えようとしていたのです。

大きな音を立てて重い金属製のドアがゆっくりと開き、係員の男性が微笑みながら小さなキャリーを抱えて出てきたのが見えました。彼が慎重に置いたキャリーの中をのぞき込むと、金網の向こうから私を見つめていたのは、今まで見たこともないほど美しいゴールデン・レトリーバーの子犬でした。セント・バーナードのような大きな頭と、ふわふわの金色の被毛。ダークブラウンの目は人懐っこく、知的に輝いていました。

「こんにちは、かわいこちゃん」と言いながら、私はキャリーの扉を開けました。出てきたその子は、オーストラリアからはるばるやって来たとは思えないほど、落ち着いた様子で静かに立ち、明るい目で私を見上げて微笑み、ゆっくりと尻尾を振りました。その瞬間、何年にもわたって数多くの子犬に出会ってきたにもかかわらず、私はその子が特別な存在になることを確信したのです。もっともそのときは、タッカーと名付けるその子犬が、私の人生を大きく変え、タッカーの周りの世界に大きな影響を与えることになるとは想像もしていませんでした。

家へと向かう車の中で、私はタッカーへ話しかけました。夫のウィルのこと、これから補助犬として学ぶ間に経験する冒険や一緒に学ぶ仲間たちのことも丁寧に説明しました。タッカーは外の景色に気をとられることもなく、私の顔をじっと見つめ、私の言葉一つひとつを聞きもらすまいとしているかのようでした。タッカーと向き合っていると、まるで自分が世界中で最も魅力的な人間であるかのように感じさせてもらえることに、私は心震える思いでした。

やがて曲がりくねった砂利道を進み、ヤシの木や青々とした植物の茂みを通り過ぎると、小さなコテージに着きました。白い砂浜に縁取られた三日月の形をしたターコイズブルーの湾沿いに建つ、寝室がひとつしかないシンプルなコテージは、ＮＰＯ（非営利団体）を立ち上げたばかりの私とウィルにとって、何よりも大切な場所でした。

車を停め、キャリーからタッカーを抱き上げると、しっかりした体型で、生後10週にしては驚くほど重さのある子犬でした。タッカーは笑顔で私を見上げ、「次は何するの？」と言わんばかりに首をかしげていました。

生後10週のタッカー
Courtesy of Kathryn Reiger

「ウィルはまだ帰ってきていないみたい。ビーチに行こうか？」と私はタッカーに尋ねました。彼はご機嫌に尻尾を振って、水着に着替えた私と一緒にビーチまでの短い道を歩き出しました。私はヤシの木の横でビーチサンダルを脱ぎ、真っ白な砂浜でつま先を伸ばしながら、潮風を胸の奥まで吸い込みました。空は青く澄んでいましたが、水平線に沿ってうねる雲が寄り添い、まるで太陽が沈むのを待っているようでした。

夕暮れ近くの誰もいないビーチを、私たちは浅瀬に向かって歩き始めました。タッカーにとって、海は初めての体験です。そっと見ていると、彼は波打ち際の小さな白い泡に顔を寄せてにおいを確かめ始めました。やがて砂浜に腰を下ろし、私が海へ入っていくのを眺めていましたが、次に振り返って見たときは、生まれて初めてココナッツを発見したところでした。自分とほぼ同じ大きさのココナッツに飛びつき、それを口にくわえてビーチを行ったり来たりしている様子に私が大声で笑うと、タッカーは尻尾を振って応えてくれました。

「タッカー、ここよ！」と私は呼びかけ、手を振りました。大きなココナッツを横に振って返事をしようとしたタッカーは、勢い余って砂の上に転がってしまいました。それでもすぐに立ち上がると、ブルブルッと体を振って、すぐに気を取り直し、大きな前足でココナッツを固定して繊維質の殻を几帳面に剥き始めました。

タッカーが幸せそうにココナッツに夢中になっているのを確認すると、私は深呼吸をして、青く澄んだ海に飛び込みました。心地よい冷たさが一瞬にして、私を包み込みました。水面に戻ると、帰宅したウィルが浜辺でタッカーと遊んでいるのが見えました。ウィルがココナッツを投げると、タッカーはココナッツを口にくわえて戻ってきました。海から上がってきた私へ手を振りながら、ウィルは言いました。

「なんて素晴らしい子犬なんだ。もうレトリーブ（訳注、ボールなど、投げたものを犬が取ってくる遊びの一種）ができるなんて！」

彼は腰をかがめ、タッカーの頭を両手で抱いて呼びかけました。

「私たちのオハナへようこそ、おチビちゃん」

ウィルがサーフボードを水辺に向かって運ぶと、ココナッツをくわえたまま彼の後を追って行ったタッカーは、水際で立ち止まり、希望に満ちた目でウィルを見つめていました。私は海から上がり、しゃがみ込んでタッカーを撫でました。タッカーは私たちのオハナ、家族の一員になるのにふさわしい子だと感じられました。

「この子には特別な何かがあるわ。今まで飼った子犬の中で一番かもしれない」そう言う私に、ウィルは「君はどの子にもそう言うね」とからかい、身を乗り出してキスをして、波に向かって漕ぎ出しました。

「でも私はいつも正しいでしょ！」私は笑いながら言い返しました。

私が浜辺に座ると、タッカーは隣で丸くなりました。頭のうぶ毛を撫でると、耳にカールアイロンで巻いたような小さなウェーブがあり、耳が他の部分よりも少し濃い金色をしていることに気づきました。ウィルが波に乗るのを見ながら、タッカーは私の膝にあごを乗せました。水平線がオレンジとピンクに染まり、光を放ち始めました。

「タッカー、あなたは特別な子よ」私は言いました。「あなたの天分は何でしょうね。楽しみだわ」

私はひと握りの砂を手に取り、指の間からゆっくりとこぼれ落ちる小さな砂粒の微妙な色に気づきました。砂の色を見ていると、ウィリアム・ブレイクの詩『Auguries of Innocence（無垢の予兆）』を思い出したのです。

To see a World in a Grain of Sand
And a Heaven in a Wild Flower,
Hold Infinity in the palm of your hand
And Eternity in an hour.

一粒の砂に世界を見るために
一輪の野花に天国を見るために
あなたの掌に無限を握りしめ
ひとときのうちに永遠を握りしめなさい

私がキャリアを築いた公認会計士の事務所を売却して一念発起し、幼い頃からの夢だった補助犬のトレーニングを行うＮＰＯを立ち上げてから５年が経っていました。人生で初めて、私は自分の目的を果たしている、自分が今いるべき場所にいると感じていました。すでに、私たちのプログラムを卒業した数頭の犬たちがヒーローとなって生き生きと活躍し、世界に変化をもたらしていました。翌日、トレーニング中の４頭のヒーロー候補生に、タッカーを紹介するのが楽しみでした。

ウィルが岸に戻ると、ちょうど日が沈むところでした。ウィルは片腕にサーフボードを抱え、もう片方の腕で眠っているタッカーを抱き上げました。私はタッカーが獲得したココナッツを拾い上げ、お腹はグーグー鳴っていたけれど、満たされた想いを抱いてコテージに戻りました。

私たちは屋外のシャワーで塩水を洗い流し、ウィルはビーチタオルでタッカーを乾かしました。空が深い青色に染まり、頭上に星が見え始めた頃、私たちは外のラナイ（訳注、ハワイ語で大型バルコニーのこと。屋外リビングのように用いる）に座りました。ウィルは子犬用のフードと水の入ったボウルを床に置き、タッカーは喜んで両方とも空っぽにしました。フードボウルをきれいに舐めると、鼻でボウルを押しながらラナイを歩き回るので、私たちはそれを見て笑いました。私はハンモックに座り、ウィルは夕食の準備のためにグリルに火をつけました。

ウィルと私は20年ほど前、家の近所でバーベキューに行ったときに知り合いました。私はシアトル大学のビジネス専攻の学生で、彼はワシントン大学を卒業したばかりの機械エンジニアでした。初めてウィルを見た瞬間、私は不思議な感覚に陥りました。会った覚えはないのに、まるで昔から知っているかのような、今まで経験したことのないデジャブを感じたのです。彼を見ていると、まだ見ぬ未来を垣間見たような気さえしました。彼が自分のことをジロジロ見ている私に気づき、ありがたいことに挨拶をしに来てくれたのが私たちの物語の始まりでした。

彼は第一印象からとても素敵でしたが、最も私の心をとらえたのは彼の誠実さと揺るぎない愛情でした。私たちは冒険が好きで、一緒に世界中を旅しました。キャンピングカーを借りてニュージーランドを1か月間旅行したときのように、ただ楽しむために旅行することもありました。でも、私たちの旅の多くには目的があったのです。ハリケーンに見舞われたフィジーで家を再建するために、「ハビタット・フォー・ヒューマニティ」（訳注、誰もがきちんとした場所で暮らせる世界の実現を目指し、世界70か国以上で住まいの問題に取り組む国際NGO）でボランティアをしたり、クロアチアの戦争中に難民へ物資を届けるために教会メンバーと行動を共にしたり、と。

私の大学卒業後、すぐにマウイ島に引っ越したのは、ふたりともオーシャンスポーツとアウトドアが好きだったからです。同時に、私たちは充実した人生を築くために懸命に働きました。いつどんなときも、ウィルはかけがえのない私のパートナーでした。

翌朝、私が目覚めると、ウィルは仕事に出かけた後でしたが、タッカーにご飯をあげて散歩に連れていった、とメモが残されていました。犬用ベッドをのぞくと、タッカーは仰向けで寝転び、大きな手足をピクピク動かしながら眠っていました。尻尾を振っていたので、どんな夢を見ているのかな、としばらく眺めていました。朝食後、タッカーを車に乗せ、補助犬になるための長い道のりの第一歩を踏み出すため、オフィスに向かいました。

私たちの補助犬育成プログラムは、カフルイにあるショッピングモール「クイーン・カアフマヌ・センター」の店舗スペースを提供してもらい、運営していました。いずれは何世代にもわたって続く恒久的なキャンパスを建設することが私の夢でしたが、その時点でショッピングモールにオフィスがあることは、子犬たちのトレーニングに多くの利点がありました。エレベーターやエスカレーター、映画館などの施設に慣れ、人混みや店舗、レストランでの振る舞いを学ぶのに絶好の場所だったのです。タッカーが初めてプログラムに参加する日は、偶然ショッピングモールにクリスマスの飾り付けがされた日でした。大きなクリスマスツリーを見ながら、私の胸は高鳴りました。私にとって、クリスマスは1年で一番好きな季節だったからです。

小さなオフィスでは、オフィスマネージャーのドナが満面の笑みで迎えてくれました。私がタッカーを地面におろすやいなや、4頭の子犬たちがタッカーに駆け寄って来ました。新しいクラスメートたちに徹底的にチェックされる間、タッカーはじっと立ち、ゆっくりと尻尾を振っていました。

リーダーは、生後8か月のオリバー。大きなイエローラブで、どこに行ってもグループの中心的存在です。同じ月齢のペニーは、かわいくて控えめな黒ラブで、優しい心の持ち主。他の犬たちがあまりに乱暴に遊ぶと、すっと抜けて机の下に横たわってしまうタイプ。もう2頭の子犬、リギンズとライリーは元気いっぱいのイエローラブで、生後6か月の同腹犬（訳注、同じ母親から同じときに生まれたきょうだい）。彼らはすぐに小さなオフィスの周りにレース場を作り、お気に入りのピンクの象をくわえていたオリバーと追いかけっこを始めました。オリバーはタッカーの顔におもちゃを押し付けて、一緒に遊ぼうと誘っていました。私は休日に小さなコテージがこの子犬たちであふれ返る様子を想像して、思わず笑みがこぼれていました。

これまで、クリスマスはいつもシアトルの実家へ帰り、家族と過ごしていましたが、今年はボランティアのパピーレイザー（子犬の時期だけ里親になる家族）が全員休暇で、子犬を預かってくれる人がいなかったのです。でも私にとって、それは苦になることではありませんでした。クリスマス休暇の間、かわいい子犬たちと一緒に南国の島に閉じ込められるのは、むしろ楽しみに思えたのです。

1週間後、ウィルと私はソファでくつろぎ、5頭の子犬たちはおもちゃで遊んだり、お互いの手足を甘噛みしたりと、思い思いに過ごしていました。私たちは、里帰りせずに過ごす初めてのクリスマスをどのように祝うか、話し合っていました。そこで思い浮かんだのが、かつて母が私たち姉妹にイエス様への誕生日プレゼントを考えさせていたこと。私は、その伝統を受け継ぎたいと考えていました。

「子犬の1頭を連れて、オアフ島の小児病院を訪ねてみない？　前回の訪問で、みんながどれだけ元気になったか、覚えているでしょう？」私の提案に対して、ウィルは言いました。「それはいいアイデアだね！　どの子を連れていこうか？」

リビングルームのあちこちで追いかけっこをしている年上の子犬たちを見ていると、彼らが病室で静かにしているところを想像できず、私は足元に落ち着いて座っている一番年下の子犬を見下ろしました。

「タッカーにしましょう。彼が一番優しい子だもの。それに、本物の生きたテディベアみたいだし。きっと子どもたちに喜ばれるわ」

クリスマスの朝、私たちは早起きしてタッカーを車に乗せ、ホノルルへの飛行機に乗るために空港へ向かいました。タッカーのトレーニングには新しい環境に触れることも含まれていたので、私たちと一緒に機内で過ごし、大都市を訪れることは、素晴らしい学習の機会となります。タッカーと会う子どもたちがどんな反応をするか、病院という日常とかけ離れた環境でタッカーがどんな様子を見せるのか、その場面を早く見たくて、待ちきれない思いでいっぱいでした。

私たちは外に車を停め、カピオラニ・メディカル・センターのロビーに入りました。ウィルの腕の中で眠っている、補助犬専用の青いベストを着たタッカーはとてもかわいい姿でした。クリスマスの朝ということもあり、ロビーにいつもの混雑はなく、受付にいたのはひとりだけでした。

「メリー・クリスマス！」とウィルは笑顔で言いました。「こちらはタッカーです。患者さんのセラピーに来ました」

タッカーがウィルの腕の中で体を動かすと、ふわふわした赤と白のクリスマスの首輪に縫い付けられた小さな鈴がチリンと鳴り、彼はその音で目を覚ましました。

「あら！　今まで見た子犬の中で一番かわいい子だわ。ぬいぐるみのようですね。今日、この子犬に会える子どもたちが少ないのが残念です」受付の女性はタッカーを見つめながら言いました。

「体調が良い患者さんたちは、みんな家に帰って家族とクリスマスを過ごしています。まだここにいるのは、島外から来た患者さんか、病気で帰れない患者さんです」

その言葉を聞いて、この訪問は私が想像していたものとは違うかもしれないと感じました。でも、子どもたちが求めるものをタッカーが届けられるなら、それがたとえひとりであっても、今回の旅は価値あるものになると思ったのです。

「大丈夫ですよ。ここにいる子どもたちに会いたいのです」

「よかったわ！　では5階へどうぞ」女性はエレベーターを指差しました。

「ナースステーションに、これから向かうと伝えておきますね。じゃあね、タッカー！」

ウィルがエレベーターのボタンを押し、ロビーで待つ間に、私は素早く祈りを捧げました——主よ、どうか私たちが子どもたちの祝福となれますように。私たちを最も必要としている子どもたちのもとへとお導きください——。

私はこれから目にするものに対して、心を整えようとしました。子どもたちがどんなに悲しく、深刻な状況にあろうとも、子どもたちの一筋の光になろうと自らに言い聞かせたのです。

ウィルが私の背中にそっと手を添えたまま、私たちはエレベーターに乗り込みました。いつも私を支えてくれるウィル——私たちは長い間、様々な時間を共有してきたので、言葉にしなくても、私の想いをわかってくれたのです。私自身が病院で長い時間を過ごし、病院をどのように感じるようになったかを知っていた彼は、私を安心させるように微笑みました。5階のボタンを押してエレベーターが動き始めても、タッカーは落ち着いた様子で、ウィルの力強い腕の中から私を見ていました。私はタッカーに微笑みかけ、彼の大きな頭を撫でました。

エレベーターのドアが開き、明るい廊下に出るとすぐに、タッカーに気づいた子どものはしゃぐ声が聞こえてきました。

「わぁ、かわいい！　その子は本物なの？」私は男の子と彼の車椅子を押していた看護師に微笑みました。看護師も男の子と同じように、心を弾ませているように見えました。ウィルは男の子に「タッカーは本物だよ。撫でてみたい？」と尋ねました。

「うん、撫でたいな。僕の家にも犬がいるけれど、会えなくて寂しいんだ」

ウィルがそっと男の子の膝の上に降ろすと、タッカーはリラックスして座りました。男の子はそのやわらかい毛を優しく撫で、タッカーは車椅子の肘掛けにあごを乗せながらくつろいでいました。男の子は矢継ぎ早に質問を投げかけてきました。

「この子の名前は？　年齢は？　どうして青いベストを着ているの？」男の子の質問にウィルが答えました。

「名前はタッカー。生後12週だよ。青いベストを着ているのは、大きくなったら人を助ける特別な犬になるためのトレーニング中だから」タッカーは少年の顔を見上げて、そっと尻尾を振りました。

「きっと彼はその仕事に向いていると思うよ。だって今でも、こうして僕のことを助けてくれているから」

しばらくして、男の子と別れて、私たちは廊下を進みました。

「かわいい、私のタッカー」私は彼にささやきました。「これは、あなたの天職かもしれないわ」

私たちは個室の窓をのぞきながら、面会を希望する患者がいるかを確かめました。ある個室では、ベッドに小さな女の子が静かに横たわり、いくつもの機械につながれていました。ベッドの横に座っている若い母親は娘の手を握り、静かに涙を拭っていました。ちょうど彼女が顔を上げたとき、私たちと目が合いました。こんなにも悲しそうな表情をした人を見たのが初めてだった私は、彼女の静寂を妨げたことが申し訳なくなりました。そこへ看護師が駆け寄ってきました。

「すみませんが、この患者さんは眠っています。面会を希望している方のところへお願いできますか？」

看護師は私たちを別室へと案内してくれました。振り返ると、先ほどの若い母親がドアを開けて、私たちを見ていました。彼女のことを思うと胸が痛みました。

私たちは何人かの患者さんを訪ねましたが、タッカーはそれぞれの子どもが必要としていることを本能的に理解しているようでした。じっと相手に身を委ねているときもあれば、体をくねらせて寝返りしながら、くすくす笑いを誘うときもありました。初めて子どもたちと会うタッカーの落ち着き、自信に満ちた様子、患者やその家族、さらに病院スタッフともすぐに打ち解けられる姿に私とウィルは驚きを隠せませんでした。

最後に看護師と話をしていると、先ほど見かけた若い母親がこちらへ歩いてきました。

「その子犬ちゃんを、私の娘にも会わせていただけませんか？」と母親は尋ねました。

私は看護師の方を見ました。

「いいですよ。でも2、3分だけですよ」と彼女は言いました。

私は深呼吸をして、彼女の後に続いて、ウィルと一緒に部屋に入りました。か細い少女の体はまったく動く様子がありませんでしたが、ウィルは少女のそばに椅子を引き寄せ、タッカーをベッドに近づけました。私は、彼女につながっているすべての機械を見ないようにしました。

若い母親は少女の髪を撫でながら言いました――「リリアナ……リリは何よりも犬が大好きでした」

彼女が娘のことを過去形で語るのを聞きながら、私は胸が締めつけられ、涙をこらえました。悲しみに耐えられなくなりそうでした。

彼女はうつむきながら、リリのことを話してくれました。治療の難しい病気に侵され、何週間も反応がないこと。2日前に生命維持装置を外されたこと……。

「お気の毒に」としか、私には言う言葉が浮かびませんでした。もっと良い言葉をかけてあげたくても、ふさわしい言葉が思いつかなかったのです。ウィルはタッカーを抱いて、リリの方へ近づきました。母親がリリの手をタッカーの頭に置き、やわらかい毛を撫でるように誘うのを、私たちは黙って見ていました。タッカーは変わらぬ様子で、キラキラと輝く茶色の目はじっとリリの顔を見つめていました。

やがて、彼女につながれた機械からの電子音が変化し始めました。私はスクリーンを見上げ、心臓モニターのジグザグ線も変化していることに気づきました。タッカーの頭に置かれているリリの手を見ると、かすかに彼女の指が動き始めたのです。リリの指先がタッカーの耳の上を動くのを、母親は信じられないという目で見つめていました。「看護師さん、看護師さん！」母親の叫び声が廊下に響きました。

「どうされましたか!?」急いで駆け込んできた看護師が、ベッドの上のスクリーンをチェックしながら言いました。

「娘が動いているの。手を見て！」と母親が叫びました。

その場にいた全員がしっかりと、リリアナの指が動いて、タッカーの耳のクシャクシャの毛を触っているのを確認したのです。看護師は驚きで目を見開き、スクリーンの数字を確認するなり、ベッドに取り付けられたボタンを押しました。院内が騒然となり、医師が呼ばれ、病院のスタッフが部屋に駆け込んできました。その間も、タッカーはリリに微笑みかけ、騒ぎに動じる様子はありませんでした。

病室を出るように促された私たちに、母親が「待って！」と呼びかけてきました。彼女がタッカーを抱きしめると、とめどもなく流れる涙が頬を伝い、タッカーのやわらかな毛の上にこぼれました。「ありがとう、タッカー。あなたは私たちのクリスマスの奇跡よ」

ウィルと私は、医療関係者の邪魔にならないように廊下の端に移動しました。私が深呼吸をしながらウィルを見ると、ウィルの青い目は涙であふれていました。医師や看護師たちがリリの部屋に集まるのを見ながら、私たちは手を取り合い、リリのために祈りました。

帰る時間までに、さらに数人の患者を訪問しました。最後にナースステーションの前を通ったとき、鮮やかな蛍光イエローが目に入り、ドアに「隔離中―立ち入り禁止―」と表示されているのが見えました。窓から中を見ると、透明なビニールテントに囲まれた小さなベッドの中に、天井を見上げている少女がいました。

「申し訳ありません。その患者さんは隔離されているので、面会はできません」ナースステーションから看護師が呼びかけました。

「窓の外からタッカーを見せてもいいですか?」と私は尋ねました。

「それなら大丈夫よ」彼女は電話に戻りながら答えました。

ウィルはタッカーをガラスに近づけ、窓越しに少女に微笑みかけました。少女は毛布の下で体を動かし、こちらに顔を向けて目線を送ってくれました。クリスマスのコスチュームを着たタッカーを見て、少女は目を見開きました。ウィルはタッカーの大きな前足を少女に振りました。彼女の顔にかすかな笑みが浮かびました。今までに私が出会った笑顔の中で、最も大きいというわけではありませんでしたが、最も美しい笑顔でした。

隔離室の少女に手を振って別れを告げたとき、ガラスに映る自分の姿に気づきました。遠い記憶がよみがえり、その少女の気持ちが痛いほどわかりました。なぜなら私もかつては、その少女だったからです。

患者を癒すタッカー

2／サンバの不思議な力

わたしは、あなたたちのために立てた計画をよく心に留めている、と主は言われる。それは平和の計画であって、災いの計画ではない。将来と希望を与えるものである。

旧約聖書『エレミヤ書』29章11節

1968年7月

7本のキャンドルの光がゆらゆら揺れている白いフロストケーキを、母が慎重にダイニングルームに運ぶと、家族が声を揃えて歌い始めました――「ハッピー・バースデー・トゥー・ユー！」。これからキャンドルを吹き消すのだと思うと、私は胸がドキドキしました。私の肺は去年より丈夫になっていたけれど、吹き消さなければならないキャンドルが1本増えていたからです。みんなが歌い終えると、母は私の前にケーキを置きました。

「願い事をして」と母は笑顔で言いました。

その頃、私はひとつのことだけを願った方が叶う可能性が高くなると信じていたので、迷うことはありませんでした。誕生日の願い事も、星に願う願い事も、いつも同じことを願っていました。私の願いは、肺が健康になることでも、入院期間が短くなることでもなく、いたってシンプル。私の大好きな本の主人公、ドリトル先生のように動物と話をしたかったのです。私は心の奥底で、強く、何度も願えば、この願い事が叶うと信じていましたが、このことは秘密にしていました。なぜなら、自分の願い事を誰かに話したら、それは実現しなくなってしまうと聞いたことがあったからです。私はぎゅっと目を閉じて、祈りました――「動物と会話ができますように」。

私は目を開け、ケーキのキャンドルの配置を確認し、すべてを吹き消すための計画を練りました。以前、呼吸トレーニングのときに看護師さんが教えてくれた、思い切り息を吐く方法を思い出しました。私は集中し、できる限り大きく息を吸いました。息を吹き始め、キャンドルが消えるたびに、4、5、6と数えました。「私、できている！」そろそろ息が切れていたけれど、肺からやっとの思いで空気を押し出し、最後のキャンドルを吹き消した瞬間、めまいがしました。

「できたわね！」母が歓声を上げました。私はしばらく疲れて返事もできませんでしたが、満面の笑みで気持ちは伝わったに違いありません。

もっと幼い頃に比べると、私は少しずつ強く、健康になっていました。それでも、喘息とアレルギーのために、両親が仕事に行っている間や姉妹たちが学校に行っている間、私ひとりで家にいなければならない日は少なくありませんでした。でも、私はおてんばでアウトドアが大好きでした。中でも、父が裏庭に建てた素朴なツリーハウスで遊ぶのが好きでした。姉妹たちは室内で遊ぶ方が好きだったので、私は裏庭をほとんど独り占めすることができたのです。

体調が良い日は、グリーンレイク図書館まで歩いていき、ひとりで持てるだけの本を持ち帰りました。図書館員のパーマーさんは私の名前を覚えてくれました。いつも彼女はとても親切で、私が探しているものをよくわかってくれました。新しい犬の絵本が届くたびに私に知らせてくれ、私のために机の後ろに取り置いてくれたのです。ひとりで過ごすときは、図書館から持ち帰った本の山に没頭しました。

『名犬ラッシー』や『名犬ラッド』のシリーズが好きでしたが、一番好きだったのはドリトル先生の物語で、暗唱できるほど何度も読み返しました。動物と会話して、気持ちを通い合わせることができるドリトル先生の存在が私の心の奥底にある何かに火をつけ、私にとって一番の憧れになりました。

ある夜、私はベッドで『フォロー・マイ・リーダー』という本を読んでいました。その本は、私と同じ年頃で盲目の少年が、リーダーという名の盲導犬を飼う話でした。読みながら、入院していたときに知り合った目が不自由な女の子のことを思い出しました。寝る時間をとっくに過ぎていたにもかかわらず、私は布団にもぐり込んで、夢中で読み続けました。

母が階段の下から「モー、また布団の中で本を読んでいるの？　そんなことをしていたら、目が見えなくなっちゃうわよ」と声をかけてきました。私はあわてて懐中電灯のスイッチを切り、リーダーのことを考えながら天井を見つめました。もし私が失明したら、盲導犬を飼えるだろうか？　私は犬を飼うことを夢見ながら眠りにつきました。

翌朝の朝食時、私は母に「布団の中で本を読んで目が見えなくなったら、盲導犬を飼ってもいい？」と尋ねました。

「だめよ」と母は笑い、「あなたに盲導犬が必要になることはないでしょうけれど、大きくなったら、人を助けるために犬をトレーニングすることはできるわよ」と言いました。

私は驚きとうれしさで立ち尽くして、母を見つめました。初めて耳にする最高の言葉でした！　それまで、「動物と話したい」という私の願いが、将来の仕事につながるかもしれないと考えたこともありませんでした。しかし母の言葉から、大人になったら、犬をトレーニングして人の役に立ちたい、という夢が私の心に生まれたのです。

「学校に遅れるわよ、モー」母が壁の時計に目をやりながら言いました。

私は母に「行ってきます」のキスをして、急いで外に飛び出しました。もう少しで歩道に出るところで、「モー待って！　リュックサックを忘れてるわよ！」という母の声に私は急いで戻り、リュックサックを受け取りました。母は笑いながら、あきれたように首を横に振っていました。私の頭は、犬がどのように人々の役に立てるか、というアイデアでいっぱいで、他のことを考えられなかったのです。

その夏のある日の午後、母は私たち姉妹をソファに座らせて、父が私たちと別々に暮らすことになったと話しました。父も母も私たちをとても愛しているけれど、大人には離れて暮らさなければならないときもあるのだと。それを機に、私立のアットホームなセント・ベネディクト校から大規模な公立学校へ転校することは、喘息もちで体が小さく、ひどく内気な私にとっては試練でした。私の垂れ目をからかう子たちもいました。新しい学校で3年生になった頃には、学校で習うことはすでに理解できていて、授業よりも犬との将来への空想にふけることが多くなっていました。

また以前より減ってはいたものの、体調が悪く、家にいなくてはならない日も多く、そんなときは呼吸を助けてくれる加湿器の前に座り、『名犬ラッシー』のドラマの再放送を見ていました。体調が良いときは、新しい学校までのにぎやかな道を1マイル（約1・6キロ）以上歩きました。私にとって、通学路の途中にいるすべての犬が顔見知りでした。時折、よりフレンドリーな犬たちに話しかけ、私の願いが叶ったかどうか、試してみました。彼らは尻尾を振り、私を見てうれしそうにしましたが、誰ひとりとして言葉を返してくれませんでした。犬たちともっとうまくコミュニケーションをとろうと、口笛を吹く練習もしました。
どうしても自分の犬が欲しくて、出会ったすべての野良犬と仲良くなり、彼らの誰かを家に連れて帰ろうと、撫でまわしたり、懐かせようと試みたりしました。しかし、重度の犬アレルギーのために、目を赤く腫らし、くしゃみが止まらない状態で帰宅する私が、どれだけ犬を飼いたいと頼んでも、母は「ダメ」と言うばかりでした。私は犬を撫でた後は、手を顔から離し、家に帰ったらすぐに洗うことを自ら学びました。

やがて私は、犬アレルギーが消えてなくなるよう、真剣に祈り始めました。神様と取引をしようと試み、他のすべての動物にアレルギーがあっても構わないので、どうか犬アレルギーだけはなくしてください、とお願いすることもありました。

そんな私を、母はアレルギー専門医の診察へ連れていってくれました。ブラウン先生は感じのいい年配の男性で、皺の寄った優しそうな目元と、机の上のかわいい犬の写真を見て、私はすぐに好きになりました。ブラウン先生は自宅で治療を行うための注射器や針、アレルギーの血清を母に渡しました。私に最初の注射を打つ勇気が出るまで、母はオレンジに針を刺して練習をしていました。私は、母が注射を打つときに緊張しないように、注射は怖くない、というふりをしたのを覚えています。

ある爽やかな秋の日、学校からの帰り道、私はいつものように、犬と話せたら、どんなことを話そうと想像しながら、通り道にあった古い金網のフェンスに指をかけました。すると突然、フェンスの向こう側から獰猛(どうもう)なうなり声が聞こえ、私の手に何かが触れました。私は悲鳴を上げ、恐怖のあまり後ろに飛び退いてしまいました。大きなジャーマン・シェパードが私に向かって突進し、むき出しの歯をフェンスに押しつけながら激しくうなっていたのです。私は怖さのあまり何も考えられず、泣きながら家まで走って帰りました。

母は私を落ち着かせ、犬が私を怖がっていたからそんな行動をとったのだろう、と言いました。私は母の言葉が信じられず、翌日からフェンスの前を通らなくてすむよう、通学時には道路の反対側を歩きました。それから数日間、私はシェパードを遠巻きに見ながら、様子を伺っていました。シェパードが住んでいたのは、老朽化した家の隣の、草の生い茂った庭でした。つながれた鎖は短く、せいぜい犬小屋の周りを歩くことしかできないようでした。私には、彼が怯え、悲しんでいるようにさえ見えました。

そこである日、私は通りの向こうから「おーい、こんにちは」と声をかけてみました。私の声を聞いて犬が吠えたので、私はとっさに、もし彼がフェンスから飛び出してきても、登って避難できるような街路樹を探しました。しかし、彼が吠えるのをやめたので、私は少し近づいてみました。母が言ったように怖がっているのかもしれないと思いながら、話しかけました。「怖がらないで。あなたのことを傷つけたりしないわ。あなた、本当はいい子なんでしょ？」

「ワン！」と犬は答えました。

それが私には「イエス」に聞こえました。もしかしたら、ついに私の願いが叶ったのかもしれない！私は別の質問を考えようとしました。彼はとても痩せていて、絡み合って毛玉だらけの毛の下に肋骨が浮き出ているのが見えました。

「お腹が空いているの？」と私は聞きました。

彼は私をじっと見たけれど、何も言いませんでした。残念な気持ちを隠しながら、私はもう一度尋ねました。

「何か食べたいの？」

彼は期待に満ちた表情で私を見つめ、もう少しで言葉を発しそうにも見えました。その代わりに、彼は小さく鼻を鳴らしたのです。私はこれを再び「イエス」の意味だと受け取りました。

「何か食べられるものがあるかもしれない」私は彼を元気づけるように話しかけました。ランチバッグの中からあげられるものを探し、フェンス越しに食べ残したチーズサンドイッチの半分をそっと差し出すと、彼はすぐにそれを飲み込みました。

「お腹が空いているのね！」話が通じたと思った私は、得意げに大声で言いました。

そのとき、私は人間の言葉を介さなくても、人間と犬が理解し合えるのだと実感したのです。犬には私たちとコミュニケーションをとる方法が、言葉以外にもたくさんあるのです。私の新しい友だちは、表情や発声、姿勢、動きで多くのことを私に伝えてくれていました。

日暮れが早くなり、季節が進むにつれて、私たちの友情は深まっていきました。私は本に登場する盲導犬にちなんで、大きなシェパードに「リーダー」と名付け、学校の行き帰りの1日2回、彼を訪ねました。私と彼のどちらが、この時間をより楽しみにしていたかはわかりません。会話のほとんどは、私からの話しかけでしたが、彼の様々な表情や気分を読み取ることで、彼の気持ちをより理解できるようになっていきました。

尻尾の振り方を見れば、彼が喜んでいることがわかりました。フェンス越しに私の手をそっと鼻先で押すときは、耳の後ろを掻いてほしいということ。眉が上下に動けば、何か疑問に思っているということ。彼の目を見れば、彼が考えていることや感じていることはほぼ理解できました。彼の目に表れる気持ちは私の心へまっすぐに伝わり、やっと友だちができたことを喜んでいるのがわかりました。

毎日、私が近づくと、フェンスに前足をかけ、尻尾を振って待っていてくれました。ところが、いつも何か、お弁当の残りを持っていったのに、彼はどんどん痩せていったのです。

ある朝、目が覚めると雪が積もっていて、外で寝ているリーダーのことが心配でたまらなくなりました。凍えているに違いない！　私は急いで着替えをすませると、朝食のシリアルを隠し持って、彼の庭まで走りました。私が呼びかけると、彼はゆっくりと起き上がり、体に付いた雪を振り払いました。私の手からシリアルを食べながら、リーダーの体は寒さに震えていました。

私は放課後に必ず戻ることを約束し、彼のためにお弁当から何を残そうか、考え始めました。ところがその日の午後、私がフェンス際まで来ても、彼はいつものように待ってはいませんでした。

「リーダー、来たわよ！」私は呼びました。

私はリーダーの飼い主を見たことはありませんでしたが、誰かが彼を家の中に入れて温めてくれたのかもしれないと思いました。念のため、もう一度呼びかけましたが、何の反応もありませんでした。そのときです。犬小屋のすぐ近くの雪の上に、黒い毛のかたまりが転がっているのが見えました。私は声をかけてみましたが、動く様子はありませんでした。ランチバッグとリュックサックを下ろし、私は急いでフェンスを乗り越えました。これまで庭に入る勇気はありませんでしたが、これは緊急事態だったのです。彼を助けられるのは私しかいないのですから。私は彼の顔の近くで呼びかけました。冷え切った体を撫で、少し揺すって起こそうとしましたが、彼はとても冷たく、動く気配がありませんでした。

「ここで待っていてね、すぐに戻ってくるから」私は彼の耳元でささやき、フェンスをよじ登りました。

これまで経験したことがないほど、力の限りに走って家に帰りました。少しも無駄にできる時間はありませんでした。10分足らずの間に、私は自分のベッドからウールの毛布を抱えて戻り、彼の顔を覆っていた雪を払いのけて、毛布で彼を包みました。泥混じりの雪に膝をつき、両手で毛布越しに彼をこすって起こそうとしました。そして彼の隣に寄り添い、息遣いを感じようとしました。

どれくらいの時間が経ったのかはわかりませんが、母が私を見つけたとき、あたりはすっかり暗くなっていました。私の目は腫れ上がり、浅く、苦しげな呼吸になっていました。母は私を優しく毛布で包み、家まで運んでくれました。私はその後、何日間も具合が悪く、親友を失った悲しみから立ち直れませんでした。私はまだ子どもでしたが、彼の死に直面した悲しみだけでなく、愛に満たされなかった彼の生涯を思うと、心が粉々に砕け散るほどの痛みを感じました。

数週間後、用事をすませて帰ってきた母は、久しぶりに見る幸せそうな顔をしていました。そして、私にサプライズがあるので、目を閉じるように言いました。「サプライズ？　私に？」私は期待をおさえるのがやっとでした。

「さあ、目を開けていいわよ！」と母は明るい声で言いました。

玄関のポーチには茶色の籐のバスケットが置いてありました。ふたを開けると、なんと、そこには子犬がいたのです！　顔中が黒い巻き毛に包まれ、小さな白いあごひげがあり、胸には白い星がついていました。私が挨拶すると、子犬は大喜びではしゃぐ様子を見せました。私は子犬に触れないように両手を後ろに回して、母を見上げました。

「触っても大丈夫よ」と母は言いました。「この子はトイ・プードルのミックスで、アレルギーを起こしにくい、くしゃみが出ないような特殊な毛をしているのよ」

なんて素敵な日なんでしょう！　驚いた私は手を伸ばし、彼を抱き上げました。絹のような毛並みに顔を埋め、私の祈りに応えてくださった神様に心から感謝しました。私は子犬にサンバと名付け、この日から私たちはいつでも一緒でした。私はサンバのやわらかい毛が大好きでしたが、あまりに長かったので、姉妹が持っていたヘアクリップで留めて、目に入らないようにしました。その目は黒く、明るく、生命力にあふれ、知性に輝いていました。

私はサンバにツリーハウスを見せたくて仕方がありませんでしたが、サンバは幹に釘で打ち付けた木の板を登ろうとするものの、私に付いて来られませんでした。私が登ろうとするたびに吠え、私を見上げ、必死に尻尾を振っていました。そこで彼を片腕で抱え、もう片方の腕で登ろうとしたこともありましたが、サンバがじっとしていられないので、登り切れませんでした。最終的に、私はリュックサックを体の前にかけて、サンバを中に入れることにしました。リュックサックから黒い巻き毛の頭だけが出ている状態で、私たちは鼻と鼻をくっつけながら木に登ったのです。

サンバはツリーハウスの中で過ごすことが好きになったので、私はツリーハウスをふたりがもっとくつろげるようにしました。折り畳み式の椅子、本、懐中電灯、毛布、テーブルに見立てたバケツ。サンバの水飲みボウル、テニスボールやキューキュー鳴るおもちゃも運び込みました。サンバは、私が何度もはしごを上り下りするのを上から見守り、励ましてくれました。

私たちはこの場所で本を読んだり、ボール投げをしたり、秘密を共有したりしながら、数えきれないほど幸せな午後を過ごしました。暗くなると、母が私たちを夕食に呼び戻しました。登るときと違って、下に降りるのは楽でした。父が設置してくれたプラスチックの長いすべり台のおかげで、サンバは私の膝の上に座り、地上に向けて一気に滑り降りることができたからです。

ある日、学校からの帰り道で、犬のしつけ教室の広告を見かけました。私は母に、サンバと私でこの12週間のクラスに参加してもいいかと尋ねました。余分なことに使うお金はあまりないことを知っていたので、母が承諾してくれたときには驚きました。私はとても真剣に授業を受け、毎日放課後、サンバと宿題の練習をしました。私はまだ、特に大人に対してはひどく内気だったので、クラスの中で子どもが私だけだったことに緊張しましたが、サンバの協力もあって、3か月のクラスが終わる頃には大人と話すことにも慣れてきていました。また、他の犬たちとの距離も縮まりました。私の祈りが通じたのか、アレルギーの注射のおかげなのかはわかりませんが、レッスン終盤には、くしゃみをすることなく、他の犬たちを撫でることができるようになっていたのです！

クラス最後の週には、しつけ競技会が行われました。各生徒たちが指示に従って、「ヒール（ハンドラーの左側について）」、「シット（座って）」、「ダウン（伏せて）」、「ステイ（そこに留まって）」、「シェイク（握手して）」、「カム（こっちへ来て）」を含む、今まで習得したキューを披露する大会でした。最終日の表彰式で、サンバは最も上達した犬に贈られるブルーリボンを受け取りました。みんなに拍手をされながら、私はサンバが誇らしく、思わず涙がこぼれました。

サンバが教室で習ったことをすべてできるようになったので、私は近所の他の犬たちに教えることを思いつきました。私は無料の犬のしつけ教室のチラシを作り、犬を飼っている近所の人たち全員の郵便受けに入れました。翌日、申し込みたいという電話が鳴ったときは感激しました。最初のお客さんができたのです！

最終的には、ピーターソン夫妻の12歳のマルチーズのココから、生後6か月のグレート・デーンのデュークまで、5頭の生徒に教えることになりました。私は生徒たちが大好きで、「シット（座って）」や「ロール・オーバー（仰向けに寝て）」、「ステイ（そこに留まって）」などを教えるために、毎日、学校から急いで帰りました。サンバは私のアシスタントとして、なかなか覚えられない犬たちのために、根気よくキューの見本を見せて助けてくれました。

7歳の頃のモー

生後3か月のサンバ
©Mark Warren, Warren Photographic

レッスンの最終日に備えて、私は隣の空き地にスペースを確保してドッグショー用の大きな円形リングを作り、手書きの招待状を近所中に配りました。本番の日を迎えて、飼い主たちは順番に犬たちをリードでつないでリングの中を歩かせ、キューを出しました。私は、サンバと通ったしつけ教室でインストラクターがやっていたのと同じように採点をしました。最後に点数を集計すると、1位に輝いたのは最年長の12歳のココでした。ココと一緒に1位のリボンを受け取るとき、ピーターソン夫人はとても誇らしげでした。ピーターソンさんは、ココから「鉄は熱くなくても打てる」ことを学んだと言い、みんなで笑い合いました。

ドッグショーが終わったある週末、私たち姉妹はリビングルームの床に寝袋を敷いてキャンプをしました。夜遅く、姉妹が両脇でぐっすり眠っている間、私はサンバのことを考えていました。サンバはとても賢い犬で、私が何を望んでいるのかをいつも知っていて、ときには私が言葉を口にする前から理解しているようでした。もしかしたら、サンバは私の心を読めるのかもしれない、と考え始めていました。そこで、ダイニングテーブルの下で寝ているサンバを見ながら、この仮説を検証することにしました。

私は目を閉じ、「スタンド（立ち上がって）」という言葉を心の中で一生懸命唱えました。目を開けると、驚いたことにサンバが寝ていた場所に立っていたのです。私は目をぎゅっと閉じて、もう一度サンバの姿を思い浮かべ、心の中で静かに言いました。

「カム・ヒア（こっちにおいで）！」

再び目を開くと、サンバが私の目の前に立って、輝く黒い瞳が私の目をじっと見つめていました。信じられなかったけれど、どういうわけか、サンバは私の心を読んでいたのです。

「サンバ、よくできたね！」私は思わず叫んでしまい、姉妹たちを起こしてしまいました。

「どうしたの？　何をしているの？」姉妹のひとりが眠そうに聞きました。

「サンバよ。彼は私の心が読めるの！」

「そんなわけないでしょ。静かに寝なさい」彼女は寝ぼけた声で言いました。

目を向けた私に、サンバがウインクを返したような気がしました。

「わかった！　これは私たちだけの秘密ね」

私はその夜、計り知れない知性と可能性に満ちた、この輝く黒い瞳の夢を見ながら眠りにつきました。この夢とは30年後に再び出会うことになります。もっとも、この夢を追いかけるために、多くのものを置き去りにすることになるとは、このときは知る由もありませんでした。

3／ハンク、パートナーを見つける

あなたにとっての最も大きな冒険は、あなたの夢に生きること。

オプラ・ウィンフリー

2000年7月

チクタク、チクタク……。オフィスの壁にかけられた時計は、まるで私の人生が1秒ずつ短くなっていくことを示しているかのようでした。心に響くのは主治医のミラー先生の言葉……。

「モー、もしかしたら最悪の事態を考えないといけないかもしれません」

「どういう意味ですか？」心臓をバクバクさせながら私は尋ねました。

「私が疑っているように、検査で卵巣がんが確認されたら、残された時間はあまりないかもしれません」

突然のことに現実味を持てずにいた私は、やっとの思いで「どのくらいですか？」と尋ねました。先生は少し間をおいて「おそらく6か月ほどでしょう。でも結果が出てから考えましょう」と告げました。

私は時計の針の音に耳を傾けながら、思考を現実に戻し、ぼんやりとした頭を整理しようとしました。

残り半年。頭の中で先生の言葉を繰り返していると、頭が勝手に計算を始めました。半年……180日……4320時間。

検査から3日経っても、先生からの連絡はありませんでした。間もなく週末で病院も休みに入るのに、月曜日まで待つことなんて到底できません。少しためらいましたが、病院へ電話をかけようとしたそのときとき、見慣れた番号から電話がかかってきました。

「先生からの連絡はあった?」ウィルが尋ねてきました。

「ううん、まだ」

「心配しないようにね。きっと大丈夫だから」いつものように、ウィルの安心させる声が私の不安を落ち着かせてくれました。「この週末、何か楽しいことをして気を紛らわせよう。よければ、僕がオフィスへ迎えに行くよ。あと1時間で上がれる? 君の分も準備をしておくから」

「いい考えね。オフィスの外で落ち合いましょう」

電話を切って机の上を見ると、そこには税金の申告書が山積みになっていました。公認会計士として、私はいつも数字に安らぎを見出していました。すべてが数値化できるという確信があったからです。でも今は、何もかもが意味をなしません。

チクタク、チクタク……。私は今までに、その壁時計を見つめては、時間がゆっくりと過ぎていくことに驚くことが何度もありました。でも今は、時間の過ぎ去る速さが気になって仕方ありません。蛍光灯の下で法人税の申告書を作成している間にも、時計の針が進むたびに私の人生は短くなっていくのです。これは私が子どもの頃に思い描いていた人生の計画ではありませんでした。ウィルの言う通り、デスクワークから離れて、自然の中で過ごす時間が今の私には必要なのかもしれないという想いが募りました。

同僚やクライアントに会わずにすむように、私は通用口から抜け出しました。曲がり角で待っていると、やって来たトラックの中にウィルの笑顔が見え、私の胸は高鳴りました。そして、2歳になるイエローのラブラドール・レトリーバーのバートが耳をひらひらと風になびかせながら、私に挨拶しようと窓から身を乗り出している姿に思わず笑いがこぼれました。ウィルは私に手を差し伸べながらキスをし、助手席に乗り込むのを手伝ってくれました。振り返ると、荷台にキャンプ道具が積んであることに気がつきました。

「どこへ行くの?」私は仕事用の靴を脱いでリラックスし、私たちの間に座ったバートを撫でました。

「セブン・セイクリッド・プールズでキャンプをしない?」ウィルは笑顔で言いました。

「君を驚かせたくて黙ってたんだ」

いつもは計画的なウィルの突然の提案に、私は心から驚きました。むしろ、思いつきで動くことが多いのは私の方だったからです。そのキャンプ場は、私たちが12年前に新婚旅行を過ごしたハナの町を過ぎたあたりにあり、私たちが好きな場所のひとつでした。彼は今、私が求めているものが何なのか深く考えてくれていたのです。シートベルトをしっかりと締め、音楽をかけながらハナまでの長く曲がりくねった道を私たちは走り出しました。

翌朝早く、テントから顔を出して南国の気持ちの良い空気を吸い込むと、頭上で赤い小鳥たちがさえずっていました。テントから外に出ると、ウィルはすでに起きていて、キャンプストーブのそばにひざまずいていました。その隣にはバートが座り、朝食の準備を厳しくチェックしているかのように見えました。

「誕生日おめでとう!」ウィルは、焼きたてのバナナパンケーキを差し出しながら言いました。39歳を祝うキャンドルが1本だけ、朝のそよ風に揺れていました。

私は目に涙を浮かべて彼に歩み寄りました。あまりにも多くのことがありすぎて、自分の誕生日をすっかり忘れていたのです。

「願い事をしてごらん」ウィルは笑顔で言いました。私は幼い頃の誕生日を思い出し、いつも同じ願い事を繰り返していたことを思い出しました。でも、今年の願い事は違いました。私は固く目を閉じて、深い祈りを捧げました――「私にもう一度チャンスをください！」

ひと息でキャンドルを吹き消すと、深く息を吸い込み、澄み切った青空を見上げました。朝日が鮮やかな緑に輝く木々の間から顔をのぞかせ、温もりを届けてくれました。あの大好きな滝まで歩きたい、と強く思いました。

ワイモク滝までのハイキングコースは、マウイ島での私たちのお気に入りでした。穏やかな川の横にある曲がりくねった細い小道で、竹林の中をジグザグに続き、最後には美しい滝と泳げる場所がある頂上へ到達するのです。大好きなふたり（厳密にはひとりと1頭）と共に自然に囲まれ、解放的な気分に満たされるうちに、「がんかもしれない」という心配事よりも、この瞬間に集中したい、と思えてきたのです。

朝食後、私たちはハイキングに出発しました。ウィルは私の前を黙って歩き、私にひとりになる時間と空間を与えてくれました。バートはいつもよりも近くで、私の横を歩いていました。

「ウィル」１マイルほど歩いたところで、私は息を切らして呼びかけました。

「ちょっと休むわ」

「大丈夫かい？」彼は心配そうに振り向きました。

「いろいろと考えたいだけ」私は答えました。

「君がそうしたいなら……」彼はあまり納得していないようでした。

「大丈夫よ、すぐに追いつくから」私は笑顔で言いました。

「わかった。バートと一緒にいてくれ。頂上で会おう」ウィルは振り返り、小道を歩き始めました。彼のたくましい体が難なく道を進むのを見送りながら、愛する夫の姿に胸が締めつけられそうでした。彼の優しい微笑み、鋭い知性、そして空色の瞳は、長い時間を共にしながら今なお、私を喜びで満たしてくれます。この人と一緒に年をとれたらどんなに幸せだろうと思った瞬間、そのチャンスはもうないかもしれないことを思い出し、深いため息をつきました。

私は川の近くにある丸太に腰を下ろし、リュックサックを地面に置きました。丸太の片側を覆っているコケに手をかけて、やわらかな凹凸を感じました。バートは尻尾を振りながら、希望に満ちた目で私を見つめていました。私は棒を拾ってバートのために川へと投げました。私たちにはバートが子犬の頃から特別なつながりがありました。私たちは楽しむためにしつけ教室に通いましたが、バートはとても賢かったので、州の競技会で優勝するまでになったのです。

私たちが出場したレベルは、ハンドラーが犬とのコミュニケーションに言葉を使うことを一切許されず、ハンドシグナルのみを使用するという難易度の高いものでしたが、バートの場合、ハンドシグナルさえ必要としないこともありました。私が何を望んでいるのか、私を見ただけでわかることが多かったのです。バートは棒を口にくわえ、尻尾を振りながら胸を地面に下げ、「遊ぼうよ！」という合図を送ってきました。しかし私にその気がないとわかると、彼は熱帯雨林の魅力的なにおいを探索するために歩き出しました。

私は腕時計に目をやり、「6か月」という月日の重みを、また計算したくてたまらなくなりました。まだ、がんだと決まってはいないけれど、もしそうだったらどうしよう？　私は死への怖れよりも、人生の目的をまだ果たしていないことに、深い後悔を感じている自分に驚いていました。バートを見ながら、子どもの頃の夢を叶えることができないかもしれないと思うと、目に涙があふれました。私はいつも、時間はたっぷりあると信じていました。私たちの才能、能力、情熱はすべて神様からの贈り物であり、私たちがそれを生かすことは神様への恩返しなのだ、という牧師の言葉を思い出しました。

川面に映る自分の姿を見ながら、うまくいかないかもしれないという怖れが先行して、夢を追いかけるのを諦めてきたことを思い出していました。これまでの人生のほとんどの場面で内なる不安と戦ってきましたが、今、私は最も怖れていた事態に直面しているのです。

死にたくはないけれど、これ以上は不安を持ったまま貴重な時間を無駄にしたくもない。私の心にシンプルな祈りが生まれました。

「神様、どうか、がんではありませんように。病院や手術のこと、その他の不安について、今日は何も考えないようにさせてください。私はただ今を生き、あなたの存在を感じたいのです」涙が頬を伝って流れても、私は祈り続けました。

少し強くなった風が私の髪を吹き抜け、顔と腕を撫でていきました。朝からずっと胸を締めつけていた不安がすっと溶けていくのを感じました。私は目を閉じてストロベリー・グアバの甘い香りを吸い込み、頭上の木々から聞こえる小鳥たちのさえずりに耳を傾けました。目を開けると、バートがジャングルの冒険から帰ってきたところでした。私が座っている丸太を手で軽く叩くと、バートは丸太に飛び乗り、私の横に座りました。

「主よ、今日という日に感謝します。ウィルとバートに、そしてこの美しい場所に感謝します。あなたは私に多くの祝福を与えてくださいました」

バートは私の頬についた涙の痕を舐めてくれました。水面に映る私たちを見ていると、風がおさまり、私たちの姿がはっきりと見えました。そのとき、新たな思いが湧き上がり、希望で胸が高鳴り始めたのです。私は神への祈りを続けました。

「神様、もし私を生かしてくださるなら、自分の人生を変えることを約束します。残りの時間は、困っている人たちを助けることに捧げ、幼い頃にあなたが私の心に描いてくださった夢を追う勇気を見つけます。どういう夢かはもうご存じですよね」

話し終えた途端、私の怖れは消え去り、代わりに川のような安らぎが私の魂に流れ込んできたのです。その天国のような安らぎは、神が私の祈りを聞き届けてくださるに違いないという確信、としか言いようがありませんでした。この先に何が起きようとも、人生の一瞬たりとも無駄にしたくない。私は立ち上がり、リュックサックを持って、ウィルに追いつくために急いで小道を歩き始めました。バートは新しいお気に入りの棒を誇らしげに持ち、私と並んで走りました。

バートと私が道の終点に着くと、滝の上からウィルが手を振っていました。私が微笑みながら手を振り返すと、ウィルは煌めく水の中へ飛び込みました。私たちのプライベート・ライフガードを自認するバートは、すぐに彼を助けに水の中に飛び込み、私も水着になって後に続きました。

空気がひんやりしている滝の裏側まで泳ぐと、私たちの笑い声が響きました。滝から外を眺めると、太陽が雲の切れ間から顔をのぞかせ、空には鮮やかな虹がかかっていました。聖書に記された〝神との約束の象徴〟（訳注、旧約聖書の創世記にあるノアの箱舟のエピソードからの引用）を畏敬の念で見つめながら、私の胸は高鳴りました。この先何が起きても、神は私と共にいてくださるのだ、と。

ハナへの旅は、検査の結果を心配する気持ちを紛らわせてくれましたが、現実に戻り、月曜の朝を迎えると、どうしても不安を払拭することはできませんでした。私はデスクに座り、主治医からの電話を待っていました。やっと電話が鳴り、先生の声を聞くと、心臓が飛び出しそうになりました。「モー、医師のミラーです。検査の結果が出ました」私は電話を握りしめ、ごくりと唾を飲みました。「良いニュースです」先生は言いました。

「……陰性……手術の予定……良性腫瘍……」その後の会話は途切れ途切れにしか聞こえませんでした。私は先生に感謝を伝えると、「私たちの祈りが通じたわ！」とウィルに朗報を伝えました。

その日、私は今後の人生を変えるための計画を立て始めました。手術から回復するとすぐに、私は公認会計士事務所を売却し、カリフォルニア州にある「アシスタンス・ドッグ・インスティテュート」（訳注、介助犬やファシリティドッグの育成について学ぶことができるバーギン大学の前身。創設者のボニー・バーギンは介助犬の概念を生み出した人物）に入学しました。私は、障害者を介助する犬をトレーニングするという夢を追い求めることにしたのです。ウィルは私の新たな挑戦をサポートするため、エンジニアの仕事から休暇をとり、一緒に来てくれました。

サンタローザ近郊でレッドウッドの木々に囲まれ、学校から約20分のところにある小さな貸しコテージが私たちの家になりました。決して時間を無駄にしないタイプのウィルは、アートスタジオを作るフルタイムの仕事を見つけてきました。私は39歳という年齢と、新しいクラスメイトがおそらく自分の半分の年齢だということについてはあまり考えないようにしました。その代わり、新たな学びを得るための2度目のチャンスに感謝することだけに集中しようと思いました。バートを友人に預け、私たちは荷物をまとめてカリフォルニア行きの飛行機に乗りました。

機内の窓から外を眺めると、白い雲の切れ間から太平洋が見えました。ウィルは私の隣に座り、機内誌をめくっていました。私は窓に頬を押しつけ、太陽の暖かさを感じました。高給が保証されている公認会計士という仕事を辞めてドッグトレーナーになるという決断、その決断を心配する周りの声が脳内に響き、ネガティブな不安が忍び寄ってきました。

――夢を現実にするために必要な能力が自分になかったらどうしよう?

――授業中に不安症が起きたらどうしよう?

――誰も私たちのNPOに寄付してくれず、破産したらどうしよう?

少しの間、動悸が激しくなりかけましたが、決断した日のことを思い出しました。神が私の祈りに確かに応え、新しい目的を与えてくださったのですから、何も怖れるものはありません。私はウィルを見て、こんなにも素晴らしい夫がいて自分がどんなに恵まれているかを考えました。彼を心から愛し、彼と一緒にいれば何でも成し遂げられる、そう思ったのです。

5時間後、はるか眼下に青く広い海を横切る、風格あるゴールデン・ゲート・ブリッジが見えました。私たちを乗せた飛行機が機首を回転させ、まるで水の上に浮かんでいるような滑走路に向かうと、建物が立ち並ぶサンフランシスコの街が夕日に照らされて輝いていました。飛行機が着陸する頃には、新しい冒険への興奮で私の胸はいっぱいでした。荷物を持ってレンタカーの営業所へ向かい、サンタローザに向かって北上しました。

翌朝、私たちは「アシスタンス・ドッグ・インスティテュート」まで車を走らせました。そこは町外れにあり、ワイナリーとなだらかな丘に囲まれていました。支柱の間に絡みついた蔓から、紫色のブドウの大きな房が垂れ下がり、見事な間隔で並んだブドウの木を通り過ぎました。ウィルは長い砂利道を曲がり、以前は少年拘置所だった古いベージュ色の建物の横の駐車場に車を停めました。

この日は登校初日であり、私にとって新しい人生と使命への第一歩でした!　ウィルに別れのキスをして車から降りると、入り口近くに並んだケンネルから熱狂的な吠え声が出迎えてくれました。たくさんの美しいラブラドールとゴールデン・レトリーバーたちです。ここはまるで犬の天国のようで、私は光に吸い寄せられる蛾のように引き寄せられてしまいました。

「待って！」とウィルが窓から声をかけました。

「リュックサックを忘れないで！」

「ありがとう」そう言いながらウィルの手からリュックサックを受け取りました。

学校の中へ急ぎ足で入る私に、ウィルが「幸運を祈っているよ。楽しんできてね！」と応援してくれました。

ドアを開けると、私は突然、初登校の子どものような気分になりました。どこへ行くべきかわからず、緊張してあたりを見回すと、美しいグレイヘアに真っ青な瞳をした魅力的な女性が、満面の笑みを浮かべながら私の方へ歩いてきました。

「アシスタンス・ドッグ・インスティテュートへようこそ」彼女はあたたかく声をかけてくれました。

「ありがとうございます。ここに来られてとてもうれしいです」私は返事をしました。

私は授業の始まりが楽しみで仕方ありませんでした。他の学生たちと一緒に最初の講義に出席し、周りを見渡すと、クラスで私が一番年上というわけではないとわかり、少しほっとしました。講師は最初にコースの概要を説明し、必要としている人を助ける犬をトレーニングするための様々な方法について説明してくれました。私は彼女の一言一言に釘付けになり、最初の1時間が終わる頃には、リードと犬のおやつのためにブリーフケースと電卓を手放した自分の決断は正しかったと確信したのです。

生徒ひとりずつに、生後4週から2歳までの5頭の犬が担当として割り当てられ、トレーニングを行っていきます。インストラクターは、子犬の行動を形成するための「正の強化」（訳注、犬が望ましい行動をとったときに報酬を提供することで、その行動の頻度を高めていくトレーニング手法）について教えてくれました。私たちは犬の認知能力について学び、犬自身が考えたり、問題を解決したりすることを促す方法を学びました。1日が長く、厳しいスケジュールでしたが、私は人生でこれほどエネルギーを感じたことはありませんでした。毎朝、目的意識に満ちて目覚め、1日を始めるのが楽しみでした。子どもの頃に憧れた、人を助ける犬のトレーニング方法を学んでいたのです。幼い日の夢がついに叶うのです！

私の担当した生後4週の子犬は新しいことを覚えるのが早く、驚かされました。その子犬の名前はオスカーで、初日に「シット（座って）」「シェイク（握手して）」「カム・ヒア（こっちに来て）」を教えました。インストラクターは、早期学習の重要性と、それによって犬の脳に新たな神経回路が作られることを説明してくれました。これにより、犬たちは後年、より複雑なスキルを身につけることができるのです。

規定のトレーニングを修了した犬たちは「卒業犬」と呼ばれ、障害のある人とマッチングする準備に入ります。彼らは卒業する前に、新しいパートナーと2週間に及ぶ、「チーム・トレーニング・キャンプ（合同トレーニング）」に参加しますが、その前に、私たち学生が卒業犬とペアになり、一緒に模擬のチーム・トレーニング・キャンプに参加するのです。インストラクターたちは、私たちが交互に卒業犬と接するのを観察し、私たちの性格や交流に基づいて犬とマッチングさせました。それは相性の良い相手を探す〝合コン〟のようなものでしたが、私には最初からハンクしか見えていませんでした。彼は赤みがかったゴールデン・レトリーバーで、喜びに満ちた表情をし、ダークブラウンの瞳にはいつもいたずらっ子のような輝きがありました。私たちはお互いにひとめぼれだったのです。

多くの企業が従業員の採用にも用いている、「ウィルソン・ラーニング・ソーシャル・スタイル」という犬と人間をマッチングする科学的な方法があります。まず、犬と学生を知る数人が、それぞれの積極性と反応性のレベルを評価するアンケートに答えます。それぞれの社交性は、分析的、能動的、友好的、表現的の4つのカテゴリーに分類され、その結果が最高のマッチングを決定するのに役立つチャートに落とし込まれます。当初、私はこの方法に懐疑的でしたが、授業を通して、この方法がうまく機能していることを目の当たりにしました。ほとんどの補助犬は友好的、つまり積極性は低いが、反応性は非常に高いというカテゴリーに当てはまりました。1週目の終わりにペアが発表され、私はハンクとペアになれたことをとても喜びました。私たちはふたりとも友好的・表現的の分類に入り、つまりそこそこ積極的かつ非常に反応が良いという意味でした。

私はそれから1か月間、車椅子に乗りながらアイテムを取り出したり、灯りをつけたり消したりといった難易度の高いキューをハンクに教えました。彼はドアの開け方も学びました。キューが出されたときだけ行うはずだったのですが、ハンクは学んだ新しい知識を応用して、ケンネルの掛け金を開けたり、建物内のすべてのドアを開けたりして、キャンパス内のどこにいても私を見つけようとしたのです。

私が講義を受けていると、ときにハンクがドアを開けて教室に飛び込んできて、尻尾を振りながら褒めてと言わんばかりの笑顔で私に駆け寄ってきました。ハンクは大喜びで、クラスのみんなもそんなハンクの様子に大笑い。多くの犬がそうであるように、ハンクも生まれつき、人を喜ばせることが大好きだったのです。

翌週からは、実際のクライアントとのトレーニング・キャンプが予定されていました。ハンクはケイシーという体の不自由な女性とマッチングされていました。彼女はサンタクルーズにあるコミュニティカレッジの教師で、彼女の社交性レポートは私やハンクのものと非常によく似ていました。私はケイシーのファイルを読み、ハンクのトレーニングをさらにカスタマイズできるよう、彼女について詳しく学びました。ケイシーがより自立した社会生活を送れるような、具体的なスキルをハンクに教えられるという期待に胸を躍らせました。

ケイシーに会うのが楽しみでたまらなかった私は、週末にウィルとサンタクルーズまで車を走らせ、彼女の仕事場とハンクがこれから住む自宅を見に行きました。ちょっとストーカーのような気分がして、彼女の家の前を通り過ぎるとき、私は助手席の下に滑り込んで隠れてしまいました。

ケイシーの申請書には、彼女が36歳のときに脳卒中で倒れ、発話が不自由になり、右半身が麻痺したと書かれていました。彼女はひとり暮らしで、自宅でも学校でも介助犬を必要としていました。長距離の移動は電動車椅子を使用していましたが、短距離を移動するときに助けてくれる犬を求めていたのです。また、ドアを開けたり、荷物を運んだり、電気をつけたり消したりする、いわゆる日常動作のサポートをしてくれる犬を求めていました。

特に、ケイシーは階段の上り下りに助けが必要でした。ケイシーがバランスをとるためにつかまったり、立ち上がるのに手助けが必要なときに寄りかかったりできるよう、ハンクはカスタマイズされた革製のハーネスを身につけることを学びました。私は、このスキルに関するハンクのトレーニングをしっかりとやり遂げようと決心しました。ハンクが一歩でも踏み間違えれば、ケイシーは転んで大怪我をするかもしれません。とても大きな責任を感じました。

月曜の朝、ケイシーは他のクライアントと共にキャンパスに到着し、ハンクとすぐに意気投合しました。ハンクがケイシーをサポートしながら一緒に動く姿を見て、私は胸が熱くなりました。クライアントと犬たちの新しいペアは一日中、私たちによる講義と実技を交互に受けました。

ケイシーと介助犬ハンク

ハンクが教えたすべてのキューを完璧にこなす姿を見て、とても誇らしく思いました。最初の1週間、ハンクは私を目でチラチラ追っていましたが、彼を無視するようにと私は指示されていました。それまで私たちが重ねた時間を考えると、それはなかなかつらいことでした。2週目には、ハンクは完全にケイシーに集中できるようになりました。彼は勘の鋭い犬で、私は助けが必要なふりをしていたけれど、ケイシーは本当に自分の助けを必要としていることを理解しているようでした。

ウィルと私はケイシーと多くの時間を過ごし、親しくなりました。彼女の飾らず、裏表のない性格がとても好きでした。彼女は脳卒中の後遺症のため、感情をコントロールすることが難しいのだと教えてくれました。すぐに笑ったり泣いたりし、いったんそれが始まると止まらなくなることもありました。ケイシーの笑いは伝染しやすく、ときには私たち3人で涙が出るほど笑い転げることもありました。ハンクはそれを見ると興奮してヘリコプターのように尻尾を振り、私たちをさらに笑わせました！

卒業式の1週間前、学校長が私たちの教室を訪ねて来て、うれしい知らせがあると言いました。

「学生諸君、とても素晴らしいニュースがあります。『オプラ・ウィンフリー・ショー』（訳注、1986年から2011年まで放送されていたアメリカの大人気テレビ番組。世界140か国に配信されていた）が私たちの卒業式を撮影しに来ます！　あなたたちが壇上に上がり、トレーニングした犬とその新しいパートナーを紹介するところが撮影されます」

クラスメイトたちが歓声を上げ、興奮気味に話す中、私は茫然と座り込んでいました。大勢の観衆の前で話すだけでもとんでもなく緊張してしまうのに、何百万人もが視聴するであろう番組のためにテレビカメラの前で話すことを考えると、恐怖でいっぱいになってしまったのです。眠れない一夜が明け、翌日、私は講師のオフィスを訪れて言いました。

「申し訳ありませんが、どうしても私にはできません」

「人前で話すのが怖いのはわかるけれど、これはあなたにとって必要なスキルよ」先生が言うと、私はぎこちなく身じろぎしました。

「卒業式でスピーチしないなら、残念ながら卒業させることはできません」

いよいよ卒業式当日。クラスメイトがひとりずつステージに呼ばれ、自分たちがトレーニングした犬を新しいパートナーに紹介している間、私はステージ裏のカーテンの隙間から会場をのぞいてみました。オプラ・ウィンフリー・ショーのクルーが最前列にいて、巨大なカメラとライトがステージに向けられていました。ありがたいことに、オプラ本人はそこにいませんでした。もしもいたら、私はその場で倒れていたことでしょう。

ウィルは私がどれほど怯えているかを知っていたので、ケイシーと一緒に座っている場所から親指を立てながら、あたたかな笑顔で私を見ていました。事前にケイシーはウィルに、ステージに上がるときに車椅子を使いたくないから、歩くのを手伝ってほしいと頼んでいたのです。ふたりの姿が見えて私は勇気づけられました。そしてとうとう、私の名前が呼ばれ、ハンクと一緒に壇上に上がりました。

表彰台に立つと、口から飛び出そうなほど心臓の鼓動が激しくなり、口が乾いて、舌が張り付いていました。私は片手にメモ用紙、片手にハンクのリードを持っていましたが、どちらとも緊張から小刻みに震えていました。ハンクは私のそばに立ち、観客に向かって笑いかけていました。私はメモ用紙に書いた文章をどうにか読み上げました。ケイシーをハンクの新しいパートナーとして紹介すると、ウィルは颯爽と彼女に腕を差し出し、ふたりは慎重に一歩ずつ、ステージ中央へと歩み始めました。私はハンクを連れてふたりの方へ歩き、ケイシーにリードを渡してハグをしました。

「ありがとう、モー」彼女は涙を流しながらささやきました。

「ハンクは私にとってかけがえのない存在よ。彼は最高の贈り物よ」

その瞬間、私はカメラやその場にいた全員のことをすっかり忘れていました。

私とウィルは、ケイシーとハンクの間に生まれた素晴らしい関係性に心を打たれ、マウイ島で補助犬を育成するプログラムを始めることに、あらためて情熱を燃やすことになったのです。

私にとって、ウィルが自分と同じように新しいミッションに意欲的なことはとても心強く感じられました。彼は大の犬好きでしたが、それ以上に重要なのは、彼が奉仕の心を持ち、困っている人々を助けたいといつも思っていたことです。この新しい試みにおいて、彼以上のパートナーはいませんでした。

自宅に戻ると、ウィルはガレージで見つけた古いドアで私のために机を作ってくれました。彼はそれを小さなリビングルームの隅に置き、私はその上に学校から持ち帰ったすべての本を置きました。私にとって初めてのオフィス。ただの机にすぎないけれど、それでも私のオフィス！　私の頭の中は、補助犬のトレーニングについて新しく得た知識でいっぱいでした。

私は、人の潜在能力を最大限に引き出すだけでなく、犬の能力を最大限に引き出すプログラムを作りたいと思いました。そのため、我が家で一度に1頭か2頭の犬をトレーニングする小規模のプログラムを計画しました。相互の愛、信頼、尊敬に基づいた関係性を築くこと。人を助ける前に、その犬の感情的、身体的ニーズが満たされていることを確実にすること。犬たちが楽しく学べるように、正の強化法のみを使用すること。それぞれの犬が自分の仕事を愛し、愛する相手のために力を尽くせるように、慎重にマッチングしたいと考えました。

私があれこれ思いを巡らせている間、足元には静かにバートが横たわっていました。私はNPOを立ち上げるために必要なことをリストアップしてみました。ビジネスの学位は持っていたものの、NPOの運営は私の専門分野ではなかったので、このテーマに関する本を何冊か買いました。そして最初にすべきことのひとつが、新しい組織の方針と規則を作ることだと知りました。良いアイデアだと思ったので、まずそれに取り掛かりました。

私たちの設立した「アシスタンス・ドッグス・オブ・ハワイ」のポリシーとルールの最初の草案はこのような感じでした。

ルールその1　目的をもって繁殖された犬から始める

ルールその2　犬とそのパートナーを慎重にマッチングさせる
ルールその3　適切な料金を請求する
ルールその4　ラブラドール とゴールデン・レトリーバーをトレーニングする
ルールその5　医師に紹介してもらう
ルールその6　運動機能障害のある人を助ける介助犬をトレーニングする
ルールその7　ユーザーの年齢は10歳以上にする
ルールその8　犬のトレーニングは生後8週から始める
ルールその9　ハワイでのみ犬をトレーニングする

揃った数字が好きなので、9番で終わりたくないと考え、最後にもうひとつを加えました。ポリシーとしては風変わりかもしれないけれど、私は相手に共感しすぎる傾向があったので、次のことを入れました。

ルールその10　クライアントの前では泣かない

翌朝、メッセージをチェックすると、最初のメッセージはマウイ島に住むフィアンナという女性からでした。彼女は脊髄を損傷しており、身体的な作業を助ける介助犬を申請したいとのことでした。

「さぁ、ここから始めてみましょうか」

このとき、その後の私の人生観を完全に変えてしまうような、素晴らしい方との出会いがあるとは思いもしませんでした。

4／光輝く鎧のナイト

世界は苦しいことでいっぱいだけれども、それに打ち勝つことでもあふれている。

ヘレン・ケラー

翌朝、私はフィアンナに電話し、新規申込者のためのアンケートに答えてもらいました。彼女は15歳のときに友人たちと湖に泳ぎに行き、ロープで吊るしたブランコから水に飛び込む遊びを楽しんでいました。ところがフィアンナの番になったとき、ロープを支えていた枝が折れ、彼女は浅瀬に落下してしまいました。脊椎上部の第4、第5頸椎を損傷したため、中枢神経系に深刻なダメージを受け、首から下が麻痺してしまったのです。

多くの困難を経験したにもかかわらず、フィアンナはとても明るくて、介助犬の理想的なユーザー候補のように思えました。その後、彼女が爆弾発言をするまでは……。

「あなたがプログラムを始めると聞いて、とても楽しみにしていたわ。トレーニングに最適な子犬を見つけたの。早く彼に会ってもらいたいわ！」彼女は言いました。

「フィアンナ、ごめんなさい」私は答えました。「私たちのプログラムは、目的をもって繁殖されたレトリーバーしかトレーニングできないの。その方が、必要な健康状態や気質のスクリーニングをすべて通過できる可能性が高いから」

「その心配はいらないわ。彼もラブラドールで、とてもいい血統なの。祖父はチャンピオン犬だったのよ」彼女は明るく答えました。

「それは素晴らしいわね」ひるまず、私は続けました。「でもね、子犬は私たちのトレーニングプログラムを受けてからでないと、人とマッチングさせられないの。性格、環境、エネルギーレベルなど、マッチングを成功させるためには多くの要素が必要なの」

「わかったわ。でもナイトが私にぴったりの相手だと確信しているの」彼女は臆することなく言いました。「早く実際に会って、あなた自身の目で確かめてくれない？」

負けたわ、と私は苦笑しながら、翌日、訪ねる約束をしました。私はフィアンナの楽観主義に感心し、彼女に会うのが楽しみになっていました。それでも、私たちのプログラムの方針をきちんと説明し、最終的には彼女をサポートするのにふさわしい、完全にトレーニングされた犬をマッチングすることを伝えるつもりでした。

私はいつも断ることが苦手なので、車で向かう間に説明の仕方を練習し、毅然とした態度で臨もうと心に決めました。フィアンナはマウイ・メドウズという、ビーチ沿いの丘の中腹にある素敵な住宅街に住んでいました。庭には広い芝生が広がり、ハイビスカスの生垣に囲まれていました。

私は垣根越しに白波の立つ海を眺め、深呼吸しながら玄関のドアをノックしました。若い男の子がドアを開け、私を家に迎え入れてくれました。リビングルームに案内されると、そこにはウェーブのかかった栗色の髪をした美しい女性が電動車椅子に座っており、その横には描きかけのイーゼルが置かれていました。彼女の足元には黒いラブラドールの子犬が横たわっていました。ラブラドールらしい樽型の厚い胸、大きい頭、そして知的な表情が備わった犬でした。

「ようこそ！　あなたがモーね」彼女の笑顔は、まるで内なる光を持っているかのように輝いていました。「はじめまして、フィアンナよ。本当によく来てくれたわ」彼女の声は音楽を奏でているようで、私は一瞬にして彼女の朗らかさに魅了されてしまいました。

「招待してくれてありがとう。お会いできて光栄だわ」

「こちらは私の息子のカイショウと子犬のナイトよ」

カイショウは手を差し出して握手しながら、頭を下げる日本式の挨拶をしてくれました。

「こんにちは、はじめまして、カイショウ」握手しながら私もお辞儀をしました。ナイトにも挨拶しようと姿勢を低くすると、驚いたことに、ナイトは前足を上げて私と握手をしてくれました。彼の気品だよう表情や落ち着いた態度に私は目を奪われてしまいました。

描きかけの絵を前にしたフィアンナに質問をしました。海の中に色鮮やかな魚たちが泳いでいる心弾む景色は、フィアンナ自身が映し出されているかのような陽気な作品でした。フィアンナの左手には、絵筆用のアタッチメントがついた装具が装着されていました。彼女は自分の力だけでは筆を走らせることができないため、このツールを使って絵を描いていると説明しながら、実際にやってみせてくれました。力を振り絞って肘と肩を動かし、筆先をキャンバスの前に置き、ひとつの点を慎重に描くと、彼女の顔いっぱいに達成感が広がりました。

首から下は麻痺しているけれど、フィアンナは幸せになるための秘訣を発見し、小さなことにも喜びを見つけているようでした。彼女はこの絵を「アンダーウォーター・ダンス」と名付け、何千もの色鮮やかな点の一つひとつに彼女の幸福感が満ちているようでした。

「私はシュノーケリングが大好きで、水中で私が感じる自由とすべての美しさを表現したいと思ったの。何か月も取り組んできたけれど、もうすぐ完成するところよ」彼女はうれしそうに教えてくれました。色とりどりの熱帯魚のダンスに魅了された私は、思わず口にしていました——「なんて美しいの！」外に出てラナイに座ると、フィアンナはカイショウへ頼みました「アイスティーを持ってきてくれる？」カイショウは飲み物のトレイを持ってきてテーブルに置くと、グラスを母親へ手渡し、ストローを唇に当てて飲ませてあげました。その姿から、私はふたりの間の強い絆を感じました。

フィアンナが飲み終わると、カイショウは家の中に戻り、ナイトは芝生を横切ってハイビスカスの生垣まで走っていきました。そして驚いたことに、鮮やかな黄色のハイビスカスの花を口にくわえてフィアンナのところへ戻ってきたのです。ナイトが前足を彼女の膝の上に置くと、彼女は動きに限界はありながらも、どうにかして花を受け取りました。

「ありがとう、ナイト！」彼女は笑顔で言いました。「私がどれだけ花を愛しているかを、ナイトは知っているの。毎日、私のために花を摘んでくれるのよ」

物を取ってくる本能が強く、さらにハンドラーの志向や動きだけに集中できるナイト。介助犬にとって重要なふたつの要素をすでに備えていることに私は気づきました。

「フィアンナ。なぜ、ナイトと名付けたの？」私は尋ねました。

「初めてナイトを見たとき、彼は私の光輝く鎧の騎士（ナイト）になると思ったからよ」微笑みながら、フィアンナは答えました。

私たちのプログラムに参加する犬たちは、トレーニングと健康診断、気質スクリーニングをすべて終えてから、パートナーと慎重にマッチングさせるべきだ、とあらためて自分に言い聞かせました。しかし、

フィアンナと介助犬ナイト

私は自分で決めたポリシーを貫く気持ちが弱まり始めていることに気づいていました。

フィアンナは、彼女の人生について話してくれました。事故の後しばらくして、父親の仕事の都合で、フィアンナの一家がカリフォルニアから日本に引っ越したこと。彼女は日本の高校に通い、すぐに日本文化にのめり込んだこと。

日本で暮らし始めてから数年後、美術教室に通い始めたフィアンナはコウイチという若い画家と出会いました。彼とフィアンナは意気投合し、やがて恋に落ちて結婚しました。

医師たちは、フィアンナには子どもができないだろうと忠告しましたが、ふたりの間には息子のカイショウ、娘のアクアンナが生まれました。また、医師はフィアンナに自然分娩は無理だと言いましたが、彼女はそれも成し遂げたのです。

フィアンナとコウイチは一緒に、誰もが不

可能だと思うような数多くのことを経験しました。コウイチはフィアンナの冒険心を愛し、彼女に人生を思い切り楽しんでもらおうと決心し、一緒に山へ登り、船に乗り、スキューバダイビングをしました。彼らはアーティストとして成功し、日本中を旅して作品を発表してきました。ふたりにとってハワイに住むというのは長年の夢で、私が会いに行ったのは夢を叶えてマウイ島に移り住み、1年足らずの頃でした。

なぜ、介助犬が欲しいのかと尋ねると、フィアンナは絵を描いていたある日の話をしてくれました。その日、彼女は家にひとりでいましたが、絵筆を落としたのに拾うことができず、描き続けられなかったのです。苛立ちを抱えながら、時間が過ぎるのを待つしかなく、暗くなった部屋に座ったまま、こんなときに電気をつけ、絵筆を取ってくれる介助犬がいてくれたら、と思いました。この出来事は彼女にとって大きな転機となり、もう二度と無力感を感じたくないと心に強く決めたのだと。

その話に心を揺さぶられた私の中に、彼女を助けたいという強い思いが湧き上がってきました。多くの困難を経たにもかかわらず、彼女は自分をかわいそうな存在だとは思っていませんでした。彼女はその人生で出会った多くの困難を克服してきましたが、私は彼女がさらに多くのことを成し遂げる手助けをしたいと思ったのです。フィアンナと一緒にいると、まるで彼女の愛に包まれているような気分になりました。彼女には、近づいた人が引き込まれるような目に見えない力があり、私はすでにその引力を感じ始めていました。

帰る直前に、フィアンナは介助犬のトレーニング費用について尋ねてきました。私が学んだ「アシスタンス・ドッグス・インスティテュート」では、介助犬のトレーニングや生涯にわたるフォローアップ（訳注、定期的な確認や支援）には多額の費用がかかるため、正当な費用をきちんと請求するようにアドバイスされていました。その費用を伝えると、彼女の目は涙でいっぱいになりました。

「我が家にそんなお金はないわ」と彼女は言いました。

「ここに引っ越してきてから経済的にきつくて、生活するのがやっとなの」

ところが1時間後、私は助手席にナイトを座らせて帰途についていました。冷静になろうと試みながら、プログラム開始初日にすでに破ってしまったルールについて考えました。

ルールその1　目的をもって繁殖された犬から始める
ルールその2　犬とそのパートナーを慎重にマッチングさせる
（さらに……）
ルールその3　適切な料金を請求する

私はいったい何を考えていたのでしょうか？　もしかして催眠術にかかったのかもしれないと振り返ってみました。しかし、助手席のナイトを見て、この決断は正しかったのだと思い返しました。私にとって初めての正式な教え子として、これ以上の生徒はいませんでした。

その晩、私が新しい家族を連れて自宅の玄関に入ると、ウィルとバートは驚きの表情を見せましたが、すぐに彼らもナイトに釘付けになりました。トレーニングプログラムを受ける1年間、ナイトは私たちと暮らすことになると説明しました。ナイトはどこへ行くにもバートの後をついてきて、私がナイトに新しいスキルを教えるたびに、バートは自ら喜んでその見本を見せてくれました。

ナイトは、最初期の子犬トレーニング（生後2～6か月）、基礎トレーニング（生後7～12か月）、上級トレーニング（生後13～17か月）、そして卒業トレーニング（生後18か月以上）という、4つの異なる段階のトレーニングのカリキュラムを素早くこなしました。また自信をつけさせるために、子犬の頃から双方向型のパズルやゲームを使って考えさせ、問題解決することを促しました。そうすることで、その後の生活で困難にぶつかったときにも諦めないようになるのです。

ナイトと私は、店舗やレストラン、教会、映画館、ビーチなど、あらゆる場所へ一緒に出かけました。ナイトは子犬ながら、何事にも動じることなく、成犬のように振る舞い、滅多に失敗しませんでしたが、一度だけ、百貨店の前で驚いた様子を見せました。そのとき、ショーウィンドウの中でマネキンが着せ替え中だったのか、首を外され、何も着ていなかったのです。ナイトは思わず足を止め、二度見をしました。彼は目を見開き、一歩後ろに下がり、心配そうに首をかしげました。私は、否定的な関連付けを肯定的なものに置き換える「拮抗条件付け」を実践で学ぶチャンスだと考え、店内に入って、マネキンの近くまでナイトを連れていきました。

十分な距離を与えて、ゆっくりとマネキンに近づき、これが本物の人間ではないことをナイトに教えようとしました。安心させるために、私は笑顔でマネキンに触れようとしましたが、その瞬間、マネキンの腕が外れてしまったのです！　首も腕もない人間のようなものを目の当たりにしながらも、ナイトは一生懸命に平静を保とうとしていました。最終的に、たくさんのトリーツ（訳注、トレーニング用のおやつ。望ましい行動をとったときに、そのことを認識し、強化するために与える）を食べながら、慎重にマネキンに近づいて、それが本物の人間でないことを確認して安心したようでした。

ナイトはすぐに、最初期と基礎レベルのすべてをマスターしました。その中には、「シット」、「ステイ」、

「ヒール」といった標準的な服従のキューも含まれていました（行動を強要するのではなく、促すことを重視するため、私は【コマンド】の代わりに【キュー】という言葉を使うようにしています）。

その他のキューは介助犬に特化したもので、前足で物を触らせる「プッシュ（押して）」などがありました。これはいずれ、ドアを開けるためや緊急事態に対応するためのボタンを押すときに使われるようになります。

当時、私はＮＰＯの設立やナイトのトレーニングに多くの時間を費やしていましたが、そのすべてが楽しかったため、仕事だと感じることはまったくありませんでした。ナイトは生後10か月になる頃には上級レベルに進み、ドアを引っ張って開ける、電気をつけたり消したりする、物を取ってくるなどの技術を身につけました。

次に学ぶべきことは、介助犬にとって最も重要な条件のひとつである、気が散る周囲の環境を無視することでした。気が散る対象は犬によって異なり、地面のにおいから食べ物、人、猫、犬、鳥、キャッチボールをする子どもまで、あらゆるものが含まれます。公共の場で行うトレーニング中、ナイトは他の動物や人を上手に無視できました。ナイトにとって最大の課題は食べ物でした。他のラブラドール同様、ナイトは食いしん坊でした。人間の食べ物を与えることは決してありませんでしたが、いつの日か、もらえるかもしれないという希望をナイトは持ち続けていました。

地面に置かれた食べ物の近くを通り過ぎたり、見知らぬ人から手渡された食べ物を無視したりするキューである「リーブ・イット（放っておいて）」を繰り返し練習しました。ある日、家でピーナッツバタークッキーをリビングルームの床に置いて練習していたときのことでした。知らない人が見たら、毒入りクッキーかと思われるほど、ナイトはクッキーを大きく迂回し、横を通り過ぎるときには大げさに顔をそむけて、クッキーを見ようともしないのです！　彼がようやくこの練習の重要性を理解し、自制心を示している様子を見て私は喜びました。

「いい子ね、ナイト。だんだんわかってきたわね！」私が褒めたそのとき、自宅のインターホンが鳴りました。配達にサインをし、しばらくしてトレーニング場に戻ると、部屋の真ん中で、どうしようもない罪悪感に駆られて、私の視線を避けながら座っているナイトがいました。クッキーは消え、残ったのはナイトのあごに付いた、動かぬ証拠のかけらだけでした。

初めの頃はいくつかの挫折がありましたが、ナイトの行動はすぐに非の打ちどころのないものになりました。ナイトは90の標準的な介助犬のキューをマスターすると、卒業トレーニングに入り、フィアンナの介助に特化したスキルを学び始めました。そのひとつが、絵筆を落としたフィアンナのために、絵筆の木の持ち手の部分をくわえて拾い、私の手元に届けるというものでした。またフィアンナの電動車椅子は、通り道に物があると操作できないため、床から物を拾ってバスケットに落とし、障害となる物を片付ける方法も覚えました。

ナイトのトレーニングを助けるために、私たちは中古の車椅子を購入しました。それは通常よりもかなり大きな車椅子で、私の3倍の大きさがあったため、私が乗っている姿はかなりおかしく見えたことでしょう。思い通りに大きな車椅子を操作できるようになるまでには、何度か練習が必要でした。ナイトと私は、セーフウェイ（スーパーマーケット）やホームデポ（ホームセンター）など、フィアンナが行く予定の場所に行き、その環境でナイトが車椅子の横を歩くことに慣れさせるようにしました。

トレーニング中、知り合いにばったり出会い、車椅子に乗っている私を見て、なんと声をかけるべきか困らせてしまうこともありました。そういうときは、「大丈夫よ！　トレーニングしているだけ！」と笑顔で答えていました。

フィアンナの最大の目標のひとつは、誰にも助けを求めずにひとりで店に行くことでした。私はナイトに、フィアンナのリュックサックのファスナーを開け、財布を取り出し、レジ係に渡す一連のキューを教えました。

「ナイト、手伝ってくれる?」私はまず尋ねました。

彼の表情と身振りはいつも「うん、もちろんやるよ!」と言っているかのようでした。

次に、「ゲット・ザ・ウォレット（財布を取って）」と言うと、彼は車椅子の後ろにぶら下げているリュックサックのところまで行きます。

「タグ（引っ張って）」と言うと、リュックサックのファスナーについた小さな紐をつかみ、歯で慎重にファスナーを開けます。

「ゲット・イット（それを取って）」私が促すと、彼はリュックサックの中に頭を突っ込み、自信に満ちた様子で財布を口にくわえました。

「ホールド（くわえたままで）」に続けて、「アップ（高めの場所に両前足を乗せて）」とキューを出しました。前足をカウンターに上げたら、「ドロップ・イット（落として）」でのキューで、彼は身を乗り出して財布をカウンターに落としました。

フィアンナはまた、店内の棚から欲しい商品を取り出し、彼女の膝にある車椅子のトレイに置いてもらうことを望んでいて、そのためには、さらに一連の合図を教える必要がありました。まだ一度も実践したことはなかったけれど、ナイトならきっと覚えられると思いました。練習をするために、ウィルはガレージに棚を設置してくれました。そこに様々な物を置き、さらに、私の車椅子にフィアンナのようなトレイを取り付けてくれました。

「ルック（探して）」というのがアイテムを探すナイトへのキューでした。彼はまた、「ルック・アップ（上を見て）」、「ルック・ダウン（下を見て）」、「ルック・レフト（左を見て）」、「ルック・ライト（右を見て）」ということも覚えました。ナイトの目が正しいものに向いたとき、私が「ザッツ・イット（それでいいよ）」と言い、「ゲット・イット（それを取って）」「ブリング・イット・ヒア（ここに持ってきて）」と続けました。次に、「ステップ（両前足を乗せて）」のキューで、前足を私の車椅子の足台に乗せたら、最後は「ドロップ・イット（落として）」で、トレイの上に物を落としました。

1年間のトレーニングの結果、ナイトは模範的な介助犬となり、私は彼をとても誇らしく思いました。フィアンナにナイトと共に2週間のチーム・トレーニング・キャンプに参加してもらい、彼らはチームとして協力することを学びました。私たちはささやかな卒業式で彼らの成功を祝い、フィアンナとの再会を喜んだナイトは彼女と一緒に家に戻って行きました。

数日後、フィアンナは初めてナイトと外出し、海岸沿いの小さなコンビニまで1マイル（約1・6キロ）を車椅子で移動しました。店員たちは、ナイトが品物を棚から取り出してトレイに乗せる姿を驚いて見ていました。会計レジに移動すると、「ゲット・ザ・ウォレット（財布を出して）」のキューひとつで、彼は車椅子の背もたれに掛けたリュックサックのファスナーを開けて慎重に財布を取り出し、前足をカウンターに置いて、驚いているレジ係に財布を渡すことができました。

店からの帰り道、フィアンナは意気揚々と、何も怖れるものはないような気分でした。ところが、車椅子を操作するために使っていたハンドルが外れ、車椅子の下に転がってしまったのです。交通量の多い道路の脇で身動きがとれなくなることは、彼女が最も避けたいことでした。焦ったフィアンナでしたが、ナイトが期待に満ちた目で彼女を見上げていることに気づき、声をかけました「ナイト、手伝ってくれる？」

彼は尻尾を振って、「了解！」の返事をしました。身振りで地面を示しながら「ルック（見て）」と彼女が言うと、ナイトは車椅子の下にあるハンドルを見つけました。「ザッツ・イット（それでいいよ）」に続けて「ゲット・イット（それを取って）」と言いました。最初は口で取ろうとしましたが、遠すぎてハンドルに届きません。するとナイトはアスファルトの上に横たわり、前足を使って車椅子の下からハンドルを引っ張り出すことに成功しました。それを慎重に口で拾い上げ、車椅子の足台に乗り、トレイの上に置きました。彼女は手首を使ってハンドルをジョイスティックに取り付け、無事に家路につくことができたのです。

彼らが卒業して1か月後、私は初めてのフォローアップのためにフィアンナの自宅を訪ねました。暖かい貿易風が真昼の陽射しをさえぎる傘を揺らす中、私たちはラナイに座りました。私は彼女のマンゴーアイスティーのグラスを持ち、ストローを唇に当ててあげました。彼女は時間をかけて飲み終えると、それを知らせるためにうなずきました。

「ナイトに手の指を伸ばすように教えてくれたお礼を言いたかったの」

「どういう意味？」私は尋ねました。

「毎朝、目を覚ますと、最初に彼は私に覆いかぶさって目を見つめるの。それから、私の腕に前足を置いて動かないようにして、私の手を舐めて指を伸ばしてくれるの。指がまっすぐになると、もう片方の手でも同じことを繰り返すのよ。彼のおかげで手に動きが戻ってきたわ」驚いたことに、彼女は指を少しだけ伸ばせるようになっていました。

「それは私が教えたことじゃないわ！」私は驚いて言いました。

「彼は私の手が動かないことに気づいて、直そうとしてくれているのね」彼女は笑顔で言いました。介助犬がユーザーを助けるために、教えられた以上のことをすると知ったのは初めてでした。しかしこの後、私は何度も同じようなケースを目にすることになります。

その翌週、私はキヘイのロータリークラブ（訳注、世界各地に存在する、平和や人道のための奉仕活動を行う組織。周辺地域から様々な業種の指導的な立場にある人が会員として集まる）でランチタイム・プレゼンテーションをすることになっていました。相変わらず、人前で話すのは苦手だったので、精神的なサポートのためと、ナイトの話をしてもらうためにフィアンナを誘いました。私がつっかえながらも、どうにか簡単な自己紹介をした後、落ち着いた様子のフィアンナがナイトと一緒にステージに上がりました。ナイトは彼女の車椅子のそばに横たわり、彼女が話し始めると、じっとフィアンナだけを見上げました。

「みなさんには、きっとナイトがただの犬に見えるでしょう。でも、私はナイトを見ると、過去、現在、未来が見えます。暗闇の中でひとり座って、なすすべもなく誰かが帰ってきて灯りをつけてくれるのを待っていた過去が見えます。ナイトを見ると、無償の愛と友情に満ちた現在が見えます」彼女が微笑みかけると、ナイトはキューが出されたかのように尻尾を振りました。「ナイトを見ると、希望と自立、そして無限の可能性に満ちた未来が見えます」彼女はさらに、ナイトがどのように彼女の人生を変えてくれたかについて話しました。それは私が今まで聞いた中で最も感動的なスピーチでした。

何年もの間、ナイトを傍らに、フィアンナの自立性は成長し続けました。ナイトが5歳のときに、フィアンナと家族は日本に戻ることになりました。彼女が旅立つ前に、私はお別れをしに彼らの家に行きました。私が帰り支度をしていると、彼女は「待って、プレゼントがあるの」と言い、身振りでコーヒーテーブルの上にあるプレゼントを指し示しました。私がソファに座り日本製の繊細な包装紙を広げるのを、彼女は見ていました。

「フィアンナ、信じられないわ！　本当にありがとう！」

それは、私たちが初めて会った日に彼女が描いていた作品、「アンダーウォーター・ダンス」でした。フィアンナの絵は、彼女の明るい精神と、どんなにつらい状況にあっても、私たちは喜びを見出せるということを、いつも私に思い出させてくれました。フィアンナがいなくなるのは寂しかったけれど、彼女が教えてくれたすべてのことに感謝しました。

フィアンナは日本での暮らしぶりを頻繁に伝えてくれたので、私はその後もサポートを続けました。彼女は家族と京都に住み、ナイトと共に障害児のための学校でボランティアを始めました。毎日、フィアンナとナイトは鴨川沿いを散歩しました。散歩道には桜並木があり、春になるとナイトは桜を拾ってフィアンナに渡したそうです。

コウイチのがんとの長い闘病中も、ナイトはフィアンナを支え、癒してくれました。コウイチが亡くなると、ナイトはさらにフィアンナに献身的となり、彼女のそばを離れることは決してありませんでした。歳をとるにつれて、ベッドに飛び乗るのが難しくなったナイトのために、彼女はスロープを作ってもらいました。ナイトは目が見えなくなってからも、彼女が落とした物をにおいだけで探して拾い続けました。

年月が経つにつれて、川沿いの散歩時間は短くなり、ナイトはベッドで過ごす時間が長くなりました。ナイトの視力と聴力は衰えていましたが、ふたりの魂の絆はかつてないほど強くなっているとフィアンナは話していました。

ナイトが16歳になった冬、彼の残り時間が長くないことをフィアンナは悟りました。そして、春まで頑張れたら、最後にもう一度、町の桜祭りに行こうとナイトに約束しました。ナイトはなんとか4月を迎え、家族全員が集まり、アクアンナが毛布を敷いたキャリーにそっと彼を乗せました。カイショウがキャリーを押し、フィアンナは光輝く〝鎧のナイト〟の隣を車椅子で進みました。友人や近所の人たちも加わって、桜祭りに向かいました。道中、さらに多くの人々が、長年見守り、尊敬してきたこの忠実な絆を称えるために行列に加わりました。

ナイトの顔には白いものが増え、目は見えなくなっていたけれど、桜の木のトンネルを一緒に通り抜けると、穏やかに微笑んでいるようでした。風が木々の間をささやきながら吹き抜け、ピンクの花びらがナイトの黒い毛にそっと落ちる中、彼とフィアンナは最後の散歩をしました。

5／リーダー、道を切り開く

まずは必要なことから始め、次はできそうなことをする。それを続けていればいつか、自分がとんでもないことを成し遂げていることに気づくだろう。

アッシジの聖フランチェスコ

マウイ島の中央を横切る長いモクレレ・ハイウェイを運転して家に帰る途中、ビーチで過ごしてきた私の足は砂まみれでした。数千年前、マウイ島はふたつの独立した島でした。東には、入植者たちが「太陽の家」と名付けた高さ1万フィート（約3000メートル）の壮大な楯状火山（傾斜のゆるやかな火山）であるハレアカラクレーターがあり、西には険しくそびえたつ西マウイ山脈がありました。

やがて、一面に広がるサトウキビ畑の中に、動物愛護協会の建物が見えてきました。私はそこで飼育されている飼い主のいない犬たちに会いに行くのが好きで、よく立ち寄っては励ましの言葉をかけていました。予定はしていませんでしたが、やはり素通りはできずに、その日も訪ねることにしたのです。

正面玄関に近づくと、裏手のケンネルから犬たちの吠える声が聞こえてきました。様々な境遇から救い出された犬たちの目つきやボディランゲージはとても雄弁で、困惑したり怯えたりしている犬たちを見ると心が痛みます。私は気持ちを整えながら、犬たちを元気づけることと、犬用ビスケットをひとつかふたつ、こっそりあげることに集中しようと思いました。

受付の方に手を振ると、電話中だった女性が顔を上げて微笑み、「こんにちは、モー」と応えてくれました。私がケンネルの方を指さすと、彼女は手でオーケーの合図をしました。重い金属製のドアを開けると、犬の大合唱に続き、鼻にツンとくる独特の刺激臭がしてきました。そのにおいは午後の暑さと湿度でさらにひどくなっていました。

金網がついたケンネルは2列に並んでおり、私は通路を歩きながら、それぞれの犬に挨拶をしました。そこにいたのは様々な種類、年齢、大きさの犬でした。よく見かけたのは、島で最も人気のある犬種のピットブルのミックスとチワワのミックスでした。私が声をかけても頭を上げない犬もいました。希望を捨ててしまったのか、悲しそうな表情で私を見上げるだけの犬もいました。自分の窮状を忘れたように同じケンネルの仲間たちと遊んでいたところを中断して、フェンス越しに挨拶をしてくれる犬もいました。

最も奥のケンネルには、生後3か月ほどの子犬が1頭いました。まるで私を待っていたかのように、ゲートの前にじっと座っていたのはジャーマン・シェパードのミックスで、黒と茶色の美しい柄があり、耳は半分垂れていました。私は彼の穏やかで賢そうな表情に心を打たれました。まだ子犬なのに、年季を重ねた魂のようなものを感じました。周りの落ち込んだ犬や、興奮した犬とは違い、自分のペースを保ち、静かな威厳すらありました。彼の底知れぬダークブラウンの瞳は私をまっすぐ見つめ、私の魂に届いたのです。

「こんにちは、坊や」と言いながら私はケンネルの前にしゃがみ込みました。すると、彼は近づいてきて、犬には珍しく、視線をまったくそらさずに私の真正面に座ったのです。

金網の隙間から指を伸ばし、彼の粗い毛をさすった瞬間、放ったらかしにされていたジャーマン・シェパードとの幼い日の記憶がよみがえり、私の目には涙があふれました。そっとフェンスに寄りかかり、肩を私の手に押し付けてきた子犬に、私はできる限り指を伸ばし、その痩せた小さな胸を撫でました。

「いい子ね。どうしてここに来たの？」私は彼に尋ねました。

彼も私を見つめましたが、何も答えませんでした。ケンネルに貼ってあった情報シートには、生後12週のシェパード・ミックスで、同腹の子たちと共に捨てられていたと書かれていました。そして彼の誕生日は7月28日……私の誕生日と同じだったのです！　これは明らかに何かに導かれた出会いだと感じ、この子は私と一緒に帰ることになると確信しました。

「心配しないで、すぐ戻るからね」私は彼に言い残し、受付の人に１０７番の子犬についてもっと詳しい情報がないか尋ねました。

「ごめんなさい、情報はあまりないんです」受付の女性は言いました。「子犬たちはサトウキビ畑に捨てられていたようです。そこで働いていた人たちが見つけて、私たちに知らせてくれました」彼女は少し間を置いてから、こう付け加えました。「あの子はここに来てから3週間以上が経っているんです。そして実はもう収容数が満員で……」彼女が何を言いたいのかはすぐにわかりました。私は、里親希望の人が犬と触れ合える運動場に連れてきてほしい、と彼女に頼みました。

係員がゲートを開けて子犬を中に入れると、彼は新しい環境の刺激に気をとられることもなく、まっすぐ私の横に来て座りました。私たちはしばらくおしゃべりをしました。ウィルのこと、私たちのプログラムのこと、そしてあなたもいつか困っている人を助けることができるかもしれない、と彼に話しました。彼は静かに私の話に耳を傾け、私は彼の耳をさすりながら、ポケットに残っていた最後の犬用ビスケットをあげました。

30分後、里親になる手続きをしていると、係員がその子犬を連れてきてくれました。「この子は特別な子よ」と係員が言いながら、背の高いカウンターの周りを歩かせ、リードを渡してくれました。私はお礼を言ってリードを受け取り、その場を離れました。

「名前が決まったら連絡してくださいね、記録に残しておくので」彼女が言いました。

横を歩く子犬を見下ろしながら「名前はもう決まっているわ。リーダーよ」と私は笑顔で答えました。

リーダーを助手席に乗せた帰り道、私は目の端でリーダーを見ていました。窓の外を流れるサトウキビ畑を見て物思いにふけりながら、彼は何を考えていたのでしょう。そして私はまたひとつルールを破ってしまったのです。

ルールその4――ラブラドールとゴールデン・レトリーバーをトレーニングする

その頃、ウィルと私は寄付されたクイーン・カアフマヌ・センターの店舗スペースにオフィスを移したばかりでした。リーダーや彼のクラスメイトをトレーニングする専用スペースがようやく手に入り、感謝でいっぱいでした。ありがたいことに、より多くの人々がこのプログラムを知るにつれて、コミュニティからの支援が広がっていたのです。

リーダーは優秀な生徒で、トレーニングの最初の2段階を難なくこなしました。ゴールデン・レトリーバーやラブラドールばかりだったクラスメイトたちの中でも、ひときわ優秀でした。体高のある犬で、茶色と黒の美しい毛を持ち、胸には白い炎のようなマークがありました。アーモンド形の目の周りにはまるで眼鏡をかけているような柄があり、知的な印象を与えていました。

リーダーの親友は活発なイエローのラブラドール、チッパーでした。チッパーはニュージーランドの盲導犬学校から私たちのプログラムに寄贈された子でした。チッパーはリーダーより1か月年上でしたが、リーダーはすぐにチッパーの体格を追い越し、ジャーマン・シェパードらしい見事な体型になりました。2頭の子犬は、どこへ行くのも一緒でしたが、チッパーが何か問題を起こしたとき、リーダーが関わっていたことは一度もありませんでした。恵まれた環境で育ったわけではなかったけれど、リーダーはいつも紳士的で、厳格な行動規範の持ち主でした。

ある朝、新しいオフィスに、ビッグ・アイランドとして知られるハワイ島に住む、マリアンヌという女性から電話がかかってきました。彼女は10歳の息子、マーティンのために介助犬を求めていました。マーティンはデュシェンヌ型筋ジストロフィーという、重度の筋力低下と萎縮が起こる進行性の病気を患っていました。マーティンはしばらくの間、本土からの介助犬派遣の順番待ちをしていたのですが、その間にさらに運動能力が低下していったのです。彼らは私たちのプログラムのことを知り、マーティンの病気がさらに進行する前に介助犬を迎えることができないかと期待していました。

私たちはまだ子どもと犬をマッチングさせたことがないと、彼女に言う勇気がありませんでした。その代わりに私は、マーティンの話に耳を傾けました。彼は電動車椅子を使っている優秀な生徒で、介助犬のユーザー候補としてふさわしい少年のようでした。マリアンヌが息子のことを話し、どのような介助が必要としているかを説明してくれているとき、私は車椅子に乗ったマーティンと並んで通学路を歩くリーダーの姿を思い描いていました。

1か月後、私はマーティンと彼の家族に会うために、彼らが住むハワイ島のヒロの町に向かいました。彼らはドイツ出身で、マーティンの父親はマウナケア山頂の天文台で働いていました。そこは標高

1万3800フィート（約4200メートル）という、ハワイで最も高い場所にあり、銀河を観測する施設としては、地球上で最も空気が澄んでいる場所のひとつでした。

私は節約のため、ハワイの島々の間を飛ぶ新しい航空会社のフライトを予約しました。その飛行機はとても小さく、私の座席前のわずか6インチ（約15センチ）の足元のスペースは、75ポンド（約34キログラム）のジャーマン・シェパードが占領していました。リーダーの場所を作るために、足をできるだけ引いて座りながら機内を見回すと、私たち以外の乗客はたった3人だけでした。パイロットは15歳くらいの若さに見え、私は思い始めていました――このフライトを選んだのは間違いだったかもしれない、と。

滑走路を離陸し、雲に向かって上昇すると、機体が上下に激しく揺れ始めたのですが、ありがたいことに、リーダーは落ち着いて私の膝に頭を乗せていました。マウイ島を後にし、アレヌイハハ海峡を渡ってビッグ・アイランドに向かおうとしていたとき、飛行機が突然約100フィート（約30メートル）降下し、乗客全員が悲鳴を上げました。

心配になってパイロットの方を見ると、なんと、彼の姿が見えないではありませんか。焦ってパイロットの席をのぞき込むと、床で前かがみになっている姿が見えました。一瞬、気を失っているのかと思い、彼の腕を揺さぶると、彼はすぐに起き上がりました。

「どうかしましたか？」私が尋ねると、彼は「大丈夫ですよ。ちょっと物を落としただけです」と笑顔で返事をしました。

私はほっとしましたが、できれば緊張する場面に立ち会いたくないな、と思いました。目的地に到着するまで、万が一に備えて、私は操縦パネルを凝視して、パイロットがどのように飛行機を操縦しているかを観察していました。結局、搭乗者全員にとってありがたいことに、私がパイロットに代わって操縦する必要はありませんでした。

無事にヒロへ着き、レンタカーでマーティンの家へ向かいました。それは、市街地の上に広がるなだらかな緑の丘陵地帯の4エーカー（約1万6000平方メートル）の敷地にあり、マーティンと彼の家族は陽気な人たちで、私たちが彼らに会うためにマウイ島からはるばる来たことをとても感謝してくれました。マーティンの体はか細く見えましたが、瞳は輝き、頭の回転がとても速い少年でした。リーダーは、小型の電動車椅子で走り回る彼に魅了されたようでした。父親がマーティンを抱き上げてトイレに連れていくと、リーダーは一緒に廊下を歩き、ドアの外で待っていました。その姿を見て、リーダーの犬種は、子どもと組むのに特に適しているのではないかと思いました。ジャーマン・シェパードは家畜の群れを見守ることが得意な犬種で、非常に面倒見が良いのです。

マーティンの両親のマリアンヌとクラウスはポジティブ思考の持ち主で、何事もやればできると思うタイプの人たちでした。私もまた、夕方、帰路につく頃には、マーティンとリーダーが良いマッチングになるという確信を抱いていました。マウイ島に戻り、マーティンを介助するために特化したスキルをリーダーに教えるのが楽しみで仕方ありませんでした。

翌日、オフィスに着くと、ショッピングモールのマネージャーから、今まで使わせてもらっていたスペースのテナントが決まったため、退去してほしい。しかし、さらに大きなスペースを提供してくれるという連絡がありました。1週間後、私は新しく整えられたオフィスのデスクで、マーティンの申請書に目を通しました。医師による紹介状の電話相談についての項目で、「希望する」にチェックがされていることに気づきました。すぐに電話すると、驚いたことに医師は、マーティンは介助犬を迎えるにはふさわしくないと言ったのです。

「どうしてですか？」私は信じられない思いで尋ねました。

「申請書には、介助犬はパートナーの自立性を高めるのに役立つと書かれています」医師は答えました。

「残念ながらマーティンの場合は無理でしょう。彼はもうあまり長く生きられないのですから」

「彼の余命はどれくらいなのですか？」私は恐る恐る尋ねました。

「16歳を迎えるのが精一杯でしょう」

私は電話を切り、リーダーを見ました。彼は私の声のトーンに気づいて、心配そうな表情で私の方を向いて首をかしげていました。私はそのとき、学校で学んだことを思い出しました。犬が最も役に立てる場所に配置すること、そしてそれは、その配置が長く続くかどうかを考慮することも意味する、ということ。私は怖れではなく、希望に基づいて決断を下すことを選びました。

ルールその5　医師に紹介してもらう

リーダーは卒業トレーニングに参加し、マーティンが勉強をしているときに落としがちな紙や鉛筆を拾うなど、マーティンを介助するための専門的なスキルを学びました。リーダーがマーティンと生活を始めたときに早く馴染めるように、私はマーティンの限られた動きを真似してトレーニングを行いました。リーダーは、自分の長いマズル（訳注、口の周りから鼻先の部分。口吻ともいう）に私のぶらさがった腕を乗せ、慎重に持ち上げて車椅子の肘掛けに戻すことを学びました。腕を動かすのが困難になっていたマーティンの助けになるはずです。

マーティンの家族がリーダーに身につけてほしい重要なスキルのひとつは、マーティンが助けを必要としている夜中にクラウスを起こすことでした。ベッド脇のテーブルに置いたモニター越しに、眠っている父親に聞こえるほど大きな声で呼びかける力がマーティンにはなかったのです。そこで、ウィルと私は家で練習をしました。私はリビングルームのソファに横たわり、「ゴー・ファインド・ダッド（父さんを探して）」のキューをささやくと、リーダーは寝室に駆け込み、眠ったふりをしているウィルを鼻でつついて起こすのです。

夜、マーティンが助けを必要とする理由のひとつは、彼が寝ている間に暑くなっても、毛布をはぐ力がないことだとマリアンヌは言いました。

「リーダーに毛布をはぐことを教えてあげれば、あなたたちが何度も起きなくてすむようになるわね」

私が提案すると、マリアンヌは興奮気味に尋ねました。

「リーダーはそんなことも学べるの？」

「できると思うわ。とりあえず試してみて、またお知らせするわね」私は答えて、電話を切りました。

その夜、私は本を読んでいるウィルの隣でベッドに座っていました。彼を邪魔しないように私はじっとしながら、毛布の角をリーダーに差し出しました。

「ゲット・イット（取って）。タグ（引っ張って）！」と私がささやくと、リーダーは慎重に口にくわえました。

「ザッツ・イット！（それでいいよ）」ためらいながら少しだけ毛布を引っ張ったリーダーを私は褒めました。

彼は重いドアを引っ張って開けることもできましたが、お行儀の良いリーダーにとって、毛布を引っ張ることは戸惑いを感じる行為のようでした。彼の納得がいかないという表情から、滅多にされない頼みごとをされているのを感じているのがわかりました。

当時、リーダーと同級生のチッパーも私たちと同居していました。彼は「タグ」という言葉を聞くと目を覚まし、うれしそうにしていました。

「よし、チッパー、あなたもやってみたい？」リーダーをちらっと見ながらチッパーに聞いてみると、チッパーは「やるに決まっているさ！」とやる気に満ちた笑顔を見せ、尻尾を素早く振りました。

私は毛布の角を彼に差し出し、「タグ」とささやきました。チッパーは勢いよく毛布をつかむと、後ずさりしながら部屋を横切って、毛布をベッドから床に完全に引きずり落としてしまいました。やりすぎたチッパーをウィルと私が笑っているのを見て、リーダーは再チャレンジを決心したようでした。犬たちはお互いを観察することで学習し、切磋琢磨することで、トレーニングが順調に進むことがあるのです。

やがてリーダーは毛布を程よくはぐことを含む、必要なすべてのスキルを習得し、いよいよチーム・トレーニング・キャンプの時期になりました。マーティンとマリアンヌがカフルイ空港に到着し、新しく購入した、年季の入った車椅子用の中古のバンでウィルがふたりを迎えに行きました。

マーティンが未成年のため、保護者としてマリアンヌが一緒にクラスを受講し、すべての筆記試験に90点以上をとることが合格の条件でした。授業が始まる日の朝、マーティンがいつになく静かだったので、「大丈夫？」と声をかけると、彼はうなずきましたが、テストのことでとても緊張しているとマリアンヌが教えてくれました。

「マーティン、あなたが優秀なことは知っているから、自信を持って太鼓判を押すわ。だから心配しないで」私は彼を安心させようとしました。すると、彼は驚いた表情をして言ったのです。

「ううん、僕じゃなくて母さんを心配しているんだよ。母さんはもう長いこと勉強していなかったから。

マーティンと介助犬リーダー

もし母さんが落第しても、僕はリーダーとチームになれる?」

幸い、ふたりとも優秀な生徒で、トレーニングの1週目を見事に終えました。

チーム・トレーニング・キャンプの2週目は、ヒロで行いました。初日に私たちは彼らの家でドアを開けたり、電気をつけたりする練習をしました。私は、リーダーがマーティンのために毛布を慎重に、そして適度に引っ張るのを誇らしげに見ていました。私たちは何度も「ゴー・ファインド・ダッド(父さんを探して)」の練習をしました。リーダーがこのスキルを正しく実行できるかどうかで、マーティンの生死が分かれる日がいつか来ることを知っていたからです。

翌日、私たちはヒロのショッピングモールに行きました。中に入るやいなや、マーティンが「リーダー、レッツゴー（一緒に行こう）！」と言い、マリアンヌと私を置き去りにして行ってしまいました。走って追いかけようとした私を、マリアンヌが止めました。

「行かせてあげましょう」マリアンヌは笑顔で言いました。「マーティンがひとりになりたがったのはこれが初めてよ。彼が自分の意思で行動する姿を見られるのは素晴らしいわ」

マーティンの車椅子の横にぴたりとついて完璧に歩くリーダー。彼らの自信に満ちあふれた様子に私は感動していました。マーティンは車椅子の後ろに「犬は僕の副操縦士」というバンパーステッカーを貼っていました。リーダーは体高が高く、頭が肘掛けとちょうど同じ高さでした。マーティンの小さな手がリーダーの耳を優しく撫でました。マーティンが「グッド・ドッグ（いい子だね）」と言うたびに、リーダーは微笑み、シェパードの太い尻尾を振りました。

百貨店の「メイシーズ」に到着すると、マーティンは自動ドアに近づき、「リーダー、タッチ（触って）」と言いました。買い物客は立ち止まり、リーダーが鼻でボタンを押して、ゆっくりとドアが開くのを驚いて見ていました。「ゴー・スルー（通り抜けて）」とマーティンが言うと、リーダーは言われた通りにドアを通り抜け、マーティンの方を向きました。「バック（下がって）」と続けて言うと、リーダーはゆっくりと後ろに下がり、同時にマーティンはリーダーに向かって前に進みました。

無事に中へ入ると、マーティンからの「ヒール（左横について）」のひと言でリーダーは車椅子の左側に戻り、店内を歩き始めました。私はショッピングモール内で買い物をして、リーダーに買い物袋を持つ練習をしてもらいました。買い物袋を持って歩くことは、リーダーにとって特にお気に入りのようでした。

若く、身体的に多くの困難を抱えていたにもかかわらず、マーティンはすぐに優れた〝ハンドラー〟になりました。彼はリーダーと深く強い絆で結ばれ、リーダーが実は犬の体をした人間ではないかと疑っている、と話してくれたこともありました。マーティンは優秀な上に熱心に勉強に取り組んだので、16歳で高校を卒業して、歴史を学ぶためにハワイ大学へ進学しました。その隣にはいつも彼の忠実な友であり、副操縦士のリーダーの姿がありました。

勇気とは、怖れを知らないことではなく、それに打ち勝つことだ。

ネルソン・マンデラ

ある日、ショードッグを飼育している友人が、オアフ島で出会った美しいゴールデン・レトリーバーの子犬について教えてくれました。両親ともにドッグショーのチャンピオン犬で、尻尾が曲がっていることが判明するまでは、その子犬はドッグショーの舞台に立つ運命だったのです。

「その子があなたのプログラムに参加できたらうれしいので、譲ってもいいと言っているの」彼女は言いました。「生後3か月の、とても穏やかで人によく懐く子よ。彼は何か特別なものを持っていると思うわ。きっとあなたのプログラムにぴったりよ」

子犬に会うためにオアフ島へ飛んだ私は、友人の言葉通り、ひと目で彼に魅了されました。子犬の毛色はミディアム・ゴールドで、情に厚そうな黒い瞳をしていました。ライオンのたてがみのように首と胸に長い毛が生え、年齢の割に大柄で、驚くほど落ち着いていました。彼は尻尾を低い位置でゆっくりと振りながら私に近づきました。そして私の隣に座ると、そっと脚に寄りかかり、鼻で私の手に触れました。

「この子は誰かに触れているのが好きなのよ」ブリーダーは笑いながら言いました。でも決して、「かまって、かまって！」というタイプではなさそうでした。その子犬には人へ心地よさを与える凛とした存在感がありました。それは、将来のユーザーにとって何ものにも代えがたい強みになるでしょう。

その子は、私たちがプログラム用に購入した初めての子犬でした。尻尾が曲がっていたにもかかわらず、私たちを破産に追い込みかねないほどの金額でした。その夜、私と一緒にマウイに戻ったその子犬はすぐに私たちの家に馴染みました。子犬の名前をＡＢＣ順に付けてきたので、次は「Ｆ」の番でした。そこへちょうどフィアンナから電話があり、新しい子犬のことを話すと、「フリーダムはどう？」と彼女が提案しました。「その子は誰かにフリーダム（自由）を与えるのだから！」と。そうして、子犬の名前はフリーダムに決定しました。

翌朝、今まで見たことのない表情でウィルが私を起こしました。

「モー、起きてくれ。大変なことが起きた」

私はすぐに飛び起きて言いました。「犬は大丈夫なの？」

「犬は問題ないよ。でもテレビを見に来て」

困惑しながらリビングルームへやって来た私は、飛行機が高層ビルに激突する映像が目に入った途端、体がすくんでしまいました。

「アメリカが攻撃されている」ウィルは言いました。

私は恐怖で震えながらも、映像から目を離すことができず、その日起きた出来事が報道されるにつれ、涙が止まらなくなりました。９・11を境に、すべてが不確かなものに変わったかのようでした。私が知っていた世界には二度と戻らないだろうという不安が募り、私たちの国はどうなるのかという安全保障への不安に加えて、経済への悲観的な見通しに居ても立っても居られない気持ちでした。

すべてのビジネスにおいて状況は同じでしたが、特に駆け出しのNPOにとっては危機的状況でした。翌日、ショッピングモールのマネージャーから、私たちが使っているスペースに別のテナントが入るので移動してほしいと連絡がありました。別の店舗スペースを提供してくれたのですが、もっと永続的なスペースが必要なのは明らかでした。

新しいオフィスで最後の梱包を解きながら、私は夢を見ていました。いつか運動場や散歩道、犬のトレーニング専用スペースなどを備えた自分たちのキャンパスを持ちたい。私は島の大地主たちに連絡を取り、私たちに土地を提供してくれる人を探してみることにしました。その日が来るまで、私は今あるものを最大限に活用し、プログラムを拡大するために懸命に働くことにしました。

フリーダムの親友は、クラスメイトのポーチュギーズ・ウォーター・ドッグのエコーでした。この2頭の性格はかけ離れていて、エコーはエネルギーにあふれ、働くことが大好きでした。もし2頭を車に例えるならば、エコーは優雅で高性能のマセラティ（訳注、イタリア発祥のスーパーカーブランド）で、フリーダムは快適で安定感のあるミニバンのようでした。ウィルと私は、2頭がそれぞれ目的意識を持って生きていくことを祈っていました。

私は毎日、フリーダムとエコーを連れて出勤し、ショッピングモールの中で車椅子の隣を交代で歩くように教えました。映画館にもよく行きましたが、最大の難関は、床に落ちているポップコーンを無視するように教えることでした。私の隣を歩くとき、フリーダムは「僕はここにいるよ」と念を押すかのように、私の腕を鼻で触ってくる、愛くるしい癖がありました。

ある日、私が机に向かい、エコーとフリーダムが足元で昼寝をしているとき、電話が鳴りました。メラニーと名乗る女性からで、彼女は介助犬の申し込みに興味があると言いました。彼女は、免疫システムが自身の臓器を攻撃する全身性エリテマトーデスを患い、運動機能と周辺視野の一部を失っていました。メラニーはオアフ島の出身で、夫とふたりの息子と共にダイヤモンド・ヘッド近くのマンションに住んでいました。彼女と夫のマークは、ふたりがアメリカ陸軍に所属していたときに出会い、彼女は病気のために除隊しましたが、彼はまだ現役の軍人でした。私は次にオアフ島に行ったとき、彼女に会う約束をしました。

エコーの高度なスキルが彼女に合うかもしれないと思い、私はエコーを連れて会いにいきました。エコーと私がエレベーターで25階まで上がり、ドアをノックするとメラニーが出迎え、室内へ招き入れてくれました。メラニーはふっくらとした体型で、艶やかな黒髪を肩のあたりでウェーブを描くようにして下ろした素敵なハワイ系の女性でした。会った瞬間、私は彼女の目に輝いて見える内面の美しさに感動していました。夫のマークはアラバマから移住してきた、迷彩柄の軍服と軍人らしいスポーツ刈り姿の男性でした。彼はいかつい外見ながら、あたたかな愛情の持ち主だとすぐにわかりました。

彼女の目的はシンプルで、介助犬が彼女の自信と自立性を取り戻す手助けをしてくれることを望んでいました。彼女は10年以上、ひとりで家を出たことがないと悲しそうに話しました。マークの仕事中や、息子たちが学校に行っている間に、買い物や映画に行けるようになりたかったのです。また、ひとりで過ごす日中は孤独を感じることが多かったので、相棒のような犬を欲しがっていました。

メラニーと話すうちに、エコーは彼女にとって適切な相手ではないことに気づきました。社交スタイルに基づいて評価をする方法の経験を積んだ私は、メラニーを「友好的」、エコーは「能動的」だと判断しました。エコーはメラニーよりも自己主張が強く、社交性には優れていませんでした。メラニーの性格を考えると、同じく「友好的」なフリーダムが合いそうでした。ふたりとも気楽さを好み、ユーモアのセンスもあったからです。

その頃、ファシリティドッグの申し込みが増えていたことに加え、私はフリーダムがこの種の仕事に向いているのではないかと思っていました。でも、神がフリーダムに立ててくださった計画を受け入れたい想いが強かったので、メラニーに必要な介助犬のスキルをフリーダムが学べるか、試してみることにしました。彼はドアを開けること、電気をつけること、バッグから財布を取り出すことをすぐに覚えました。

ある晩、ウィルと私はお気に入りのビーチサイドのレストランへディナーに出かけました。公共の場でのトレーニングの一環として、フリーダムも連れていきました。パティオ(中庭)の灯りが頭上で瞬くテーブルの下で、フリーダムは眠っていました。ウィルと私は紙ナプキンに夢のキャンパスの最新デザインをスケッチしながら、考えをめぐらせていました。私たちはアイデアを出し合うのが大好きで、常に新しい設計プランを考えていました。エンジニアであり、大工でもあるウィルの技術的な専門知識は大きな助けとなり、デザインはどんどん良くなっていきました。

新しい設計費用についてウィルが説明していたとき、急に、私の膝の上に物が乗せられたのを感じました。下を見ると、高級そうな赤い革財布があって驚きました。フリーダムがとてもうれしそうな表情で私を見上げていました。私は信じられない思いでそれを手に取り、彼に尋ねました。

「フリーダム、どこから持ってきたの?」

彼は私たちの向かいのテーブルを見ました。そのテーブルにはきちんとした装いの年輩のカップルが座っていて、女性の横に置かれたバッグの口が開いていました。私はまるでスリになったような気分で歩み寄り、その財布が彼女のものかと尋ねました。彼女は「私のものよ」と答え、私の手から素早く財布を

メラニーと介助犬／盲導犬のフリーダム

取り返しましたが、彼女は不信感でいっぱいだったので、諦めました。私がテーブルに戻ると、ウィルは「キャンパスの新しい資金調達方法を発見したね」と冗談を言いました。

フリーダムはメラニーのためのトレーニングの最終段階を終えるところでしたが、エコーに適したマッチング相手はまだ見つかっていませんでした。エコーはマッチングを簡単にできる犬ではなかったため、いつかぴったりのパートナーが見つかるよう、私は祈りました。数日後、交通事故で半身不随になったアンという若い女性から申し込みがありました。彼女は大学を卒業したばかりで、車椅子競技の選手でした。彼女と会ったとき、私はすぐにエコーと同じ活力と意志の強さを感じました。私たちは2頭の犬のトレーニングの最終段階を終え、新しいパートナーとのチーム・トレーニング・キャンプを計画しました。

初めて2チームが一緒にいるのを見たとき、私は必死に笑いをこらえました。ふたりの女性が、それぞれのパートナーである犬の人間版であることに気づいたのです。チーム・トレーニング・キャンプは、全過程の中で私が一番好きな段階でした。犬たちがユーザーと絆を深め、一緒に新しい生活を始めるのを見るたびに、とてもやりがいを感じました。このキャンプはスケジュールとカリキュラムがとてもハードだったので、「ブートキャンプ」というニックネームがついていました。犬たちはすでに必要な知識を身につけていましたが、生徒たちは90のキューを覚え、さらに、犬の心理学、健康管理、グルーミング、公共の場でのエチケットについてもすべて学ばなければならないからです。

メラニーとアンの間には、すぐに切磋琢磨するライバル心が芽生えました。毎朝、ふたりは筆記試験を受けました。初日、メラニーは98点の出来栄えに満足そうでしたが、アンが99点を取ったことがわかると、それ以降は、試験を完璧にこなし、ボーナスポイントを追加で獲得することで、それぞれ100点以上を獲得するようになりました。そしてついにふたりはチーム・トレーニング・キャンプを卒業し、犬との新しい生活を始めました。

ふたりは正反対の性格でしたが、すぐに仲良くなりました。翌年、私たちはマークとメラニーのバウ・リニューアル（訳注、再宣誓式。夫婦が節目の年などにあらためて愛を誓う、結婚式に似たセレモニー）に招待されました。アンが花嫁介添人、フリーダムが花婿介添犬、そしてエコーがリングベアラー（結婚指輪を運ぶ役）でした。

フリーダムの助けを借りて、メラニーは最初に願っていたように、少しずつ自信と自立性を取り戻しました。息子の学校でボランティアを始め、ショッピングや映画を楽しみました。ある日、彼女はショッピングモールから電話をかけてきて、フリーダムに「コーチ」の首輪を買ってもいいか、と尋ねてきました。フリーダム自身が気に入った首輪なので、とのことでした。どうやらフリーダムは、スリから高級ブランド志向の犬に成長したようでした。フリーダムとメラニーは一緒に映画も見に行きましたが、ホラー映画の特に怖いシーンでフリーダムがメラニーの膝に飛び乗ったことがありました。メラニーは、フリーダムがホラー映画を怖がっていることを確信し、それ以来、一緒に観るのはコメディ映画だけにしたのです。

フリーダムが3歳のとき、メラニーとマークと一緒に軍主催のフォーマルなパーティーに出席しました。ワイキキのオーシャンフロントのリゾートで開催され、会場は生花とキャンドルの光に包まれていました。メラニーは美しい赤のイブニングドレスを、マークはタキシードを着ていました。黒の蝶ネクタイを着けたフリーダムはとてもかっこよく、もちろん終始完璧な紳士でした。メラニーから送られてきた写真を見たとき、私の目は涙であふれました。メラニーの左側にはフリーダム、右側にはマーク。ふたりに囲まれながら世界を自身の望むように歩むメラニーはとても美しく見えました。彼女の人生には今、全面的にサポートしてくれるふたりの男性が寄り添っているのです。

それから約1年後、私はハレアカラ牧場を歩きながらキャンパスの候補地を探していました。すると携帯電話が鳴り、マークからのボイス・メッセージがありました。

「マークだ」と、録音された彼の声は震えていました。「すぐに電話をくれ」

私は震える心臓を抑えながら平静を装いつつ、電話をかけ直しました。メラニーは全身性エリテマトーデスによる合併症が多かったため、不吉な予感がしたのです。電話に出るなり声を詰まらせたマークに、私は最悪の事態を想像しました。ようやく話し始めた彼によると、その日、メラニーがひとりで家にいたときに火事が起きたことがわかりました。そして、なぜか私に感謝を伝え、メラニーが私と話したがっているると言いました。

「こんにちは、モー」とメラニーの小さな声が聞こえました。

「大丈夫なの？」と私は尋ねました。

「ええ」彼女は答えました。「今日の午後、私が料理をしていたときに、コンロの火が燃え広がったの」

私は息を飲みました。

「消そうとしたけれど、炎はどんどん大きくなって……」

「メラニー、大変だったわね！」私は大きな声で言いました。

彼女は声を震わせて言いました。「髪についた火を消そうとしたら、車椅子が倒れて、私は下敷きになってしまったの」

メラニーがそのときの様子を話す間、私の心臓はバクバクしていました。立っていられず、近くに腰を下ろしながら、次に何が起こったかをメラニーに聞きました。

ますます炎が大きくなり、部屋が煙で充満する中、彼女は冷たいタイルの床にうつ伏せになったまま動けずにいました。もう終わりだと思った瞬間、冷たい鼻が彼女をつつくのを感じました。目をやるとフリーダムが心配そうに見つめていました。彼女は努めて冷静に「フリーダム、ゴー・ファインド・フォン（電話を探して持ってきて）」と言いました。どこを探してもらえばいいのか、そのときのメラニーにはわかりませんでした。数分後、彼はぬいぐるみをくわえながら、申し訳なさそうに尻尾を振って戻ってきました。

メラニーは彼の口からおもちゃを受け取り、目をじっと見つめました。そしてもう一度、「フォン」と言ったのです。「ゴー・ファインド・フォン!」フリーダムは電話を探しに再び走り出しました。彼が階段を駆け上り、家中を探し回る音が聞こえました。そして数分後、煙の中から電話をくわえて戻ってきたのです。

「いい子ね、フリーダム」叫びながら、彼女は911(緊急通報番号)に通報しました。消防士が到着した頃には炎が迫っており、メラニーは息苦しくなっていました。やっとの思いでフリーダムに「ゴー、タグ(引っ張って)」と言うと、フリーダムは玄関へ走り、取っ手のロープを引っ張ってドアを開けました。さらに消防士をまっすぐメラニーの元まで連れてきてくれました。

「病院から帰ってきたばかりだけど、最初に電話したのがあなたよ。フリーダムも一緒に救急車に乗せてもらったの。I度の火傷(訳注、火傷をした部位に赤みがある程度)と煙を吸い込んだけれど、私は大丈夫よ」と彼女は言いました。

私は牧草地の向こう側を見つめ、フリーダムが必死に電話を探しながら何を考え、何を思っていたのかを想像しました。床に横たわるメラニーの姿と、焼けた髪と煙のにおいに、彼は恐怖を感じたに違いありません。そんな極限状態で、彼が集中力を切らさずに自分の仕事をやり遂げたことに私は感謝しました。もし彼が成功しなかったらどうなっていたかと思うとぞっとしました。

「まだそこにいるの、モー?」メラニーが尋ねました。

「ええ、ここにいるわ。あなたが無事で本当によかったわ」

「一番驚いたことは何だと思う?」

「何?」

「フリーダムが電話を持ってきてくれたことでも、ドアを開けてくれたことでもない。きっとそれはできるとわかっていたから。それよりも私が驚いたのは、911に電話した後、彼がずっと私のすぐ隣に寄り添ってくれたこと。火が近づいて煙がひどくなっても、彼は私から離れようとしなかったの」彼女は涙ながらに語りました。「フリーダムは私のヒーローよ。彼がいなかったら、私は生きていなかったわ」

メラニーが話し終える頃には、私も一緒に泣いていました。フリーダムが自分の目的を見つけ、彼女が最も必要としていたときにそこにいてくれたことを神に感謝しました。

ふたりの絆は時を経てさらに強くなりました。数年後、マークはアラバマ州の実家の近くにある本土の軍事基地に異動になりました。それから間もなく、メラニーは全身性エリテマトーデスの合併症で視力を完全に失ったという連絡がありました。彼女は盲学校に通い、点字の読み方を学び、視力なしで生活する方法を学んでいました。私は盲導犬の申請を勧めましたが、彼女はフリーダム以外の犬はいらないと言い張り、聞き入れようとしませんでした。フリーダムは家の中で彼女を助け続けましたが、彼女は再び自立した生活を送れなくなっていました。

翌年のフォローアップの際、私は彼女にいつもの質問をしました。「フリーダムは、夜どこで寝ていますか?」彼女のベッドのすぐ隣に置かれた犬用ベッドで寝ている、といういつも通りの回答を予想していました。ところが、彼女の答えは予想外なものでした。

「私の上で寝ているわ」

「え? 同じベッドで、あなたの隣で寝ているってこと?」私は確かめるように聞きました。

「いいえ。私は視力を失って間もない頃、夜になると、混乱してベッドから落ちるようになったの。そのことをフリーダムが心配してしまって、それ以来、私の上で寝るようになったの。彼が自発的に始めたことなのだけど、おかげでそれ以来ベッドから落ちたことはないわ」

やがて一家は、視力を失ったメラニーを助けてくれる家族や友だちがいるハワイに戻ることになりました。私が軍事基地内にある彼らの家を訪ねると、最初に会った数年前よりもさらに、彼女が外出を怖れていることがわかり、胸が痛みました。しかしメラニーは、再び自立したいという強い願いを持っていたので、私たちはある計画を考えました。右手で白い杖を持ち、左側にはフリーダムが歩く。彼女はすでに障害物を避けるための杖の使い方を知っていたので、よく行く場所への道筋をフリーダムが理解し、手助けできるよう教えてくれないかと頼んできました。これは私の専門分野ではありませんが、断れるわけがありません。こうして、またひとつ、自分の決めたルールを破ることになったのです。

ルールその6　運動機能障害のある人を助ける介助犬をトレーニングする

家族のために買い物ができるように、ひとりでスーパーに行くことが再びメラニーの目標になりました。私は彼女と一緒にスーパーまでの1マイル（約1・6キロ）を運転して、彼女がイメージできるように道順を詳しく説明しました。最初に小さな脇道をふたつ渡ると、最大の難関である6車線の交通量の多い交差点があります。ここを抜ければ、店までは一本道で、小さな通りをいくつか渡るだけでした。

トレーニング初日、彼女の家の前の歩道に出たところで、目の前を車が猛スピードで通り過ぎました。メラニーはこらえきれずに震え出し、汗をかき始めました。

「ごめんなさい、モー。私できないわ。車をすごく近くに感じるの」彼女は言いました。私たちは引き返し、彼女の家近くの舗装された道まで来ると、少しずつ彼女は落ち着きを取り戻しました。

翌週、再び彼女のもとへ行き、今度は交通量の少ない昼間を選びました。私たちは彼女の住宅地の中の並木道から始めました。メラニーの左側にはフリーダムがつき、右手に持った白い杖で自分の前を掃くように振りながら進みました。彼女は再びチャレンジする決心をし、私たちはゆっくりと歩道を進みました。彼女の肩に手を添えながら、私は彼女の後ろを歩きました。

「上手よ、あなたならできるわ！」私は目を閉じて、車が私たちの前を通り過ぎる音を聞いてみました。車椅子に座り、動くことも見ることもできない自分を想像したのです。車が見えないと、車の音がより大きく聞こえることに気づきました。そんな状況でも、フリーダムは落ち着いて、メラニーに集中していました。

私たちが最初の交差点まで半ブロック進んだとき、トラックが私たちの横を通り過ぎました。私はメラニーの表情に気づき、汗が彼女の頬を伝い落ちるのを見ました。

「家に帰りたい」彼女はささやき、私たちはすぐに引き返しました。それから数か月、私たちは練習を続け、ゆっくりでしたが、少しずつ交通量の多い交差点に近づいていったのです。

ある週末、ウィルと私が訪ねていたとき、メラニーは店に行く途中にある交通量の多い交差点を渡ってみると言い出しました。私たちは歩道で彼女の両側に立ちながら、止まろうとする車にジェスチャーで進み続けるように促しました。彼女は座って交通パターンに注意深く耳を傾けました。全部で6車線あったため、交通の流れを把握するのは難しいことでした。私たちは何度か彼女と一緒に横断歩道を渡りましたが、怖れを克服しようという彼女の勇気と決意に感嘆しました。

翌日、彼女は同じ交差点に戻って、もう一度挑戦してみたいと言いました。車がビュンビュンと通り過ぎる中、私たちは歩道に一緒に立ちました。信号が青に変わったとき、私たちは彼女と一緒に通りを渡ろうとしましたが、彼女は手を出して私たちを止めました。

「ここで待っていて。私たちだけでやってみたいの」

ウィルと私は歩道に立ち、心配する親のように、彼女とフリーダムだけで渡る姿を見守りました。ようやく、1マイルもあるかのように見えた横断歩道の反対側にたどり着いたとき、私たちは安堵のため息をつきました。信号が変わるのを待って、彼らのいる側に行きました。私たちはメラニーがとても誇らしく、ふたりとも目に涙を浮かべていました。ウィルは彼女を抱きしめ、私は「今まで見た光景の中で、一番素晴らしかったわ！」と言いました。ウィルも心からそう思っているのが伝わってきました。

その言葉を聞いた彼女は、少しあきれたように首を横に振って言いました。

「あなたたちはふたりとも、もっと外に出なきゃだめね」

みんなで思わず大笑いし、フリーダムもとてもうれしそうでした。

フリーダムがそばにいることで、メラニーの自立性は年々高くなり、より多くの場所に出かけられるようになりました。新しい場所へ行くたびに、彼女はふたりの成功を分かち合うために電話をかけてくれました。彼らの絆は年を追うごとに強くなっていったのです。

フリーダムが10歳のとき、マークはイラクに派遣されました。マークはメラニーがフリーダムと一緒に家にいれば安全だとわかっているから、安心して行けると話していました。マークが戦争から戻ると、ウィルと私はオアフ島に彼らを訪ねました。私たちを見たときのフリーダムの喜びように、彼らはとても驚いていました。犬たちはどんなに年月が経っても、子犬の頃のあたたかな記憶や分かち合った愛情を覚えているのです。私たちが訪ねている間、マークとメラニーは仲良く手をつないでソファに座っていました。

「相変わらずラブラブね」私が笑顔で言うと、マークは笑いながら言いました。

「ごめん、モー。もう少し大きな声でしゃべってくれるかい？　今回の派遣中に、聴力が少し落ちてしまったんだよ。でも僕たち、なかなかのコンビだろ？」

「その通りよ」メラニーは言いました。

「幸せな結婚の秘訣を見つけたのよ。私は彼を見ることができないけれど、彼は私の声を聞くことができないの」

フリーダムは私たちの笑い声を聞くと、ゆっくりと立ち上がり、メラニーに歩み寄りました。フリーダムは「僕はここにいるよ」と言うように、白いマズルで彼女の手を撫でました。メラニーは彼の頭に手を置き、微笑みかけました。メラニーには彼の姿は見えないけれど、彼の目はじっと彼女を見つめ返していました。ふたりが分かち合った純粋な愛のまなざしは、視覚よりもずっと深いものだったのです。

7／オリバー、別名ミスター・ママ

ダイヤモンドは女性の親友であると言った人は……きっと犬を飼ったことがないのだろう。

匿名

再び、私はカフルイ空港で、新しい子犬たちの到着を待っていました。犬用クレートの扉の向こうから、2組の人懐っこい友好的な黒い目がこちらを見ていました。周りの旅行者たちは次の冒険へと気が急くようで、手荷物受取所の片隅にあるクレートの前にしゃがみ込んでいる私のことは気にもとめません。

格子越しに子犬の息をかすかに感じた瞬間、私はこの子たちが大好きになりました。中へ指を伸ばし、黒い子犬のなめらかで絹のような耳に触れました。女の子は用心深そうでしたが、後ずさりはしませんでした。大きなイエローの男の子は軽く体を弾ませながら、満面の笑みでうれしそうにぶんぶんと尻尾を振っていました。2頭はちょうど1週違いで生まれ、これから1年半の間、クラスメイトとなります。

男の子にはオリバー、女の子にはペニーと名付けました。ペニーは別名ミス・マネー・ペニーとも呼ばれていました。イギリスからはるばるやって来て、やや値段が高かったため、これは彼女にふさわしい名前でした。私たち夫婦の愛犬バートをがんのためにわずか5歳で亡くして以来、私はクライアントにそのような心痛を与えたくないと心に決めていました。その後、ラブラドールの最高の血統を研究したところ、イギリスまでたどり着きました。私たちと同じく、気質を丁寧に選抜し、また健康上の問題、がん、視覚障害、股関節形成不全といった因子がないかを慎重にスクリーニングする最高クラスのショードッグのブリーダーがいたのです。私は子犬を探しに彼らを訪ねました。

オリバーとペニーの性格には、外見と同じように大きな違いがありました。オリバーは自信に満ちて外向的、ペニーは物静かで控えめな子でした。子犬たちが到着して数日後、私たちはあらためて2頭の子犬の気質評価をすることにしました。自己主張の強さ、物を取ってくる本能（レトリーブ）、自信、音に対する敏感さなどを測定するための15の実技テストを行ったのです。

まずペニーから始めました。ペニーを部屋の中心に連れていくと、その場所に座ったまましばらく動きませんでした。彼女は周囲を見回し、見慣れない環境をじっくり観察しているようでした。そして立ち上がり、尻尾を低い位置でゆっくりと振りながら私の方へ歩いてきました。彼女は私の隣に座り、脚に寄りかかりました。私が紙を丸めて部屋の反対側に投げると、彼女は紙に向かって1、2歩進み、それから考え直して私のそばに戻ってきました。ウィルが10フィート（約3メートル）離れた場所でノートを床に落とすと、ペニーは一瞬驚きましたが、すぐに落ち着きました。

次はオリバーの番でした。ウィルは彼をペニーと同じく、部屋の真ん中に座らせました。オリバーはすぐさま跳ねるように立ち上がると、尻尾を高い位置で素早く振りながら、部屋の中のあらゆるものを調べ始めました。彼はフロアマットを見つけ、それを数メートル引きずると、部屋中を走り回り始めました。オリバーは、私が紙を丸めるのをじっと見ていて、それを部屋の反対側に投げると、飛びつくように拾い、まっすぐ私のところまで持って来ました。ウィルがノートを落とすと、彼はくるりと振り返り、尻尾を大きく振りながらノートを調べる様子を見せました。

子犬の気質を評価するのに最もわかりやすい実技テストは、仰向けにさせたときに見せる反応かもしれません。これは従順さを示す姿勢で、自己主張の強い子犬はあまりこの姿勢を保てない傾向があります。私は足をまっすぐ前に伸ばして床に座りました。ペニーを膝の上に乗せ、そっと仰向けにしました。彼女はすぐにリラックスし、私がお腹を撫でると、すっかり脚の力を抜きました。でもオリバーはというと、仰向けにさせてはくれましたが、リラックスするまでにしばらく体をよじって落ち着かない様子でした。彼の胸を撫でると、微笑んで私の目を見つめていました。これは彼が本来持っている自信を表しているのです。

気質は異なるものの、どちらの子犬もテストでは高得点を獲得しました。人間と同じように、犬にもそれぞれ個性と長所があります。私の仕事は、それぞれの犬を理解し、その潜在能力を最大限に引き出す手助けをすることです。2頭がそれぞれ、ふさわしいユーザーとマッチングするまで1年は必要でしたが、ペニーの感受性の高さは、特別な支援を必要とする子どもと家で一緒にいてあげるようなことに適しているかもしれない。オリバーの能動性と熱意は、高いスキルを備えた介助犬を必要とする活動的な人に向いているかもしれない、と考えていました。

オリバーとペニーをそれぞれパピーレイザーの家に預けた直後、銀行からとても素晴らしい知らせがありました。私たちがハレアカラ牧場で目をつけていた土地を購入するための資金を、ある支援者が寄付してくれたというのです。ウィルと私は、すぐには信じられませんでした。補助犬育成のためのキャンパスを建設するという私たちの夢が現実になろうとしていたのです！　やがて私たちは毎週末、トレーニング中の子犬たちとその土地で過ごすようになり、ユーカリの森を歩き、何年も夢見ていた建物をどこに建てるかを検討しました。

その間にも、私はショッピングモール内のオフィスで、子犬たちに会いに来るお客さんを迎えていました。モニカと娘の4歳になるアバは常連客でした。以前、タッカーを連れて小児病院を訪れたとき、患者として通院中だったアバは、私たちのプログラムを知ったのです。アバは薄茶色の混ざったブロンドの髪に、黒く長いまつげに縁取られたヘーゼル色の瞳を持つ美しい少女でした。彼女は二分脊椎という、脊髄がうまく形成されない先天性の障害を持って生まれました。そしてまた、彼女は周囲の音に対する重度な過敏症も抱えていました。

モニカがアバの介助犬について私に問い合わせをした際、私はハンドラーの最低年齢は10歳であることを伝えました。また、アバが犬と仲良くなれるように、オフィスで子犬たちと接する時間を持つことを提案しました。ふたりが初めてオフィスに来たとき、アバは犬を怖がって、空いていたクレートのひとつに閉じこもり、両手で耳をふさいで目をぎゅっと閉じ、体を前後に揺すっていました。しかし、そんなアバを見ながらも、オリバーはアバに魅かれ、訪問のたびにじっと観察していたことが後からわかりました。モニカがアバをオフィスに何度も連れてくるうちに、アバは犬たちの近くで徐々にリラックスできるようになっていきました。

オリバーはいつも幸せそうな様子を見せ、子犬のクラスや遠足ではいつも主役でした。彼の熱意と陽気さは誰にも抗いがたいものがありました。家では、ウィルと私に思いもかけなかった楽しみを与えてくれました。あるとき、私たちが映画を見ていると、オリバーはトイレットペーパーを後ろに長く引きずりながらリビングルームを駆け抜けていったのです。またあるとき、友人たちを招いて夕食会を開いていたら、突然みんなが笑い出し、後ろを振り返ると、オリバーが私のブラジャーをくわえて堂々とテーブルの周りを練り歩いていたのです。オリバーは根っからのコメディアンで、人を笑わせることが何より好きでした。

1歳を過ぎる頃、オリバーの生涯が大きく動き始めました。私たちは初めての繁殖に取り組み、11頭の健康なゴールデン・レトリーバーに恵まれたところでした。ウィルは木製の産箱を作り、そこで子犬たちが生まれ、最初の数週間を過ごしました。私たちは産箱を我が家のリビングルームにある、大きな石造りの暖炉の前に置きました。ただ残念なことに、子犬の母親は私たちほど子犬の誕生を喜んではおらず、子犬たちに授乳するときしか、産箱には入りませんでした。それさえも私たちが促さなくてはならなかったほどです。不在がちな母親の代わりに、オリバーはこれ以上ないほど、子犬に気を配っていました。生まれて最初の数日間、オリバーは子犬たちを見守り続けました。子犬たちから目を離そうとしなかったため、私たちは彼の犬用ベッドを産箱のすぐ隣に移してあげました。夜になると、オリバーは産箱の端にあごを乗せて寝ていました。

日中、彼は産箱から中をのぞきこみ、子犬たちのあらゆる動きを観察していました。子犬たちの目が見えて耳が聞こえるようになるまで2週間かかりますが、その間もミルクのにおいを嗅ぎ、母犬の体温を感じることはできました。ある日、子犬たちは鳴きながら母犬を探していましたが、母犬は近くにいませんでした。オリバーはその様子を傍観していることができず、意を決して動き出しました。母犬がしていたのを真似して慎重に箱に入り、ゆっくりと横になりました。子犬たちはオリバーの気配を察知し、ミルクを求めてオリバーの体をよじ登りました。オリバーに授乳はできませんが、子犬たちを舐めてあげたり、排泄を手伝ったりしました。それ以来、オリバーはほとんどの時間を子犬たちと一緒に箱の中で過ごすようになり、「ミスター・ママ」として親しまれるようになったのです。

子犬たちは予防接種を受けるまで家や庭から出ることができなかったため、私たちはオリバーも子犬たちと一緒に隔離することにしました。それぞれの子犬は、見分けがつくように違う色の首輪をしていました。母犬の飼い主との契約は、介助犬としてトレーニングするために3頭の子犬をもらうというものでした。他の子犬はペットとして販売される予定でしたが、希望者を募集し、面接する役目は私たちに託されていました。この条件は、当初は合理的に思えましたが、子犬たちが生後8週を迎え、旅立ちのときが来ると、まるで自分の子どもを売るような気持ちになってしまいました。私たちはサージ、セイディ、シンバをプログラムに選び、他の子犬たちは新しい家庭へもらわれていきました。……サムを除いては。

赤い首輪をしたサムは、私たちの心をとらえた大きな子犬でした。私たちはこの子を手放したくなく、希望者のいくつかのご家族との面接に少しだけ多めに時間をかけてしまったのでした。

オリバーは産休ならぬ、「ワン」休を終え、子犬のクラスに戻ってきました。ペニーや他のクラスメイトたちはオリバーとの再会を大喜びし、クラスは再びにぎやかになりました。オリバーはクラスで優秀な成績を修め、すぐにドアを引っ張ったり、お弁当箱を運んだり、いろいろな物を取って来ることを覚えました。彼は大きくたくましい犬に成長し、最終的に彼のユーザーはどんな人に決まるのだろう、と私は思い描いていました。

その頃、ウィルは新キャンパスの許認可手続きと敷地準備の監督で忙しくしていました。私はキャンパス建設費の補助金を申請し始めました。多額の資金を集めるのは大変なことに思えましたが、私は不安を押し殺し、信念をもって歩み続ければ、きっと神が導いてくださると信じていました。地元の財団から最初の数件の助成金が届き始め、キャンパスへの支援が広がり、励まされました。私たちは借金をしないと決めていたので、寄付を受けるのと同じペースでプロジェクトを進めました。

やがてオリバーは、デイブという応募者とマッチングしました。彼はオリバーと似て表現力豊かな、外向的な若者でした。脊髄損傷があり、手動の車椅子を使用していたので、私はオリバーに車椅子を牽引する方法を教え始めました。オリバーは両側にハンドルのついた特別な革製の牽引ハーネスを着けました。オリバーが車椅子の左側につくと、私はハーネスのハンドルを持ち、「オリバー、プル（引っ張って）」と言います。オリバーは樽のような胸を前に倒し、前へ前へと進んでいきます。デイブにとって車椅子を押さなくてもいいというのは信じられないほどの開放感で、オリバーもこのスキルがお気に入りでした！

チーム・トレーニング・キャンプが1か月後に迫っていたとき、デイブは家庭の事情で、アメリカ本土に戻らなければならなくなりました。ふたりはとても相性が良さそうだったので、私はその知らせにがっかりしました。しかしこれは、想定していた計画が思うように進まなかったとき、神はもっと良い計画を考えておられることを知った最初の出来事でした。結果的に、答えはずっと目の前にあったのです。

翌日、モニカとアバが診察の帰りにオフィスに立ち寄りました。モニカは疲れ切った様子で、アバのてんかん発作が頻繁に起こるようになったと話してくれました。モニカはアバが発作中に転んで怪我をするのではないかと心配し、アバから目が離せないと話していました。

話しながら、私はアバが腕を使って這うようにしながら、オフィスの床を移動するのを見ていました。「オリバー、ついてきて」彼女は笑顔で言いました。彼女の足にはプラスチックの装具がついていて、陶製のタイルの床を滑ると、ひっかくような音がしました。彼女はオリバーの犬用ベッドに着くと、そこで横になりました。オリバーは子犬の頃と同じように、彼女の隣で丸くなりました。オリバーは慎重に彼女の小さな体の上に頭を置き、彼女は小さな腕を彼の首に回しました。オリバーの幸福感で満ち足りた表情を見ながら、そんな様子を見たのは子犬たちと産箱に入っているとき以来だと気づきました。アバは彼の運命の相手なのでしょうか？　アバとデイブには大きな違いがありました。それに、ユーザーは10歳以上というルールもあります。しかし私は、自分のルールや期待を優先して、神のなさることを妨げてはならないことをすでに学んでいたのです。

「アバが介助犬を迎えられる年齢になったら、犬に助けてもらいたいことは何ですか？」私は何気なくモニカに尋ねました。

「たくさんあるわ。彼女が歩くのを手伝ってくれたら最高ね。それと薬を持ってきてくれたり、手の届かないところにある灯りをつけてくれたらうれしいわ。それにきょうだいがいないから、仲良しの相棒になってほしい」

「発作が始まりそうなことをあなたに知らせてくれるのはどう？」

彼女は目を見開きました。「犬にそんなことができるの？」と彼女は尋ねました。

「ええ、犬は発作が始まると、吠えて誰かに知らせることを学べるのよ」

「それはすごいわね」と彼女は答えました。「それができたらアバが部屋で遊んでいる間、私は台所で夕食を作ることができる。私たちは、それぞれに自分の人生を生きられるわ」

彼女はアバの発作がどのようなものかを説明し、どのようにして起こるかを私に見せてくれました。最初は指がピクピクし始め、それが腕に広がり、やがて全身のけいれんへと続きます。

彼らがオフィスを出てすぐ、私はオリバーをデスクのそばへ呼びました。私は彼の輝く瞳をじっと見つめながら、モニカがやってみせたように、人差し指を動かし始めました。彼は首をかしげ、まるで、それが何を意味するのかわからない、とでも言いたげな困惑した顔をしました。私はその動きを続け、「スピーク（話して）」と言いました。これはすでに彼が知っているキューだったため、オリバーは吠えて応えました。次に、物理的なキューと言葉によるキューを組み合わせて、正しい反応をしたときにトリーツをあげました。最終的に、指をピクピクする動きだけでオリバーは吠えるようになりました。モニカに見せるのが楽しみでした。

次に彼らがオフィスを訪れたとき、アバがオリバーと遊んでいるのを見ながら、私はモニカと一緒に座って話しました。「オリバーがアバの犬になったらどう思う?」と私は尋ねました。

「奇跡だと思うわ」と彼女は答えました。

「どういう意味?」

「最近、アバは夜にお祈りをするとき、オリバーが自分の犬になりますように、と言っているのよ」

その瞬間、またルールのひとつがどこかへ消えてしまいました。

――ルールその7 ユーザーの年齢は10歳以上にする――

チーム・トレーニング・キャンプの最初の週、私たちはオフィスやショッピングモールで実技の練習をしました。オリバーの体重は82ポンド(約37キログラム)で今までの犬で一番大きく、アバの体重28ポンド(約13キログラム)は今までのクライアントで一番小さかったのです。オリバーはやっと自分の子どもができたと大喜びで、アバに夢中でした。週の終わりに、オリバーが新しい家族と共に家に帰るときが来ました。私はふたりを抱きしめて別れを告げ、駐車場に向かうのを玄関から見送りました。モニカがアバの車椅子を押し、その横を誇らしげにオリバーが歩いていました。こみ上げる感情を必死に抑えていたそのとき、オリバーが突然立ち止まり、私の方を振り向いたのです。彼のうれしそうな笑顔を見て、彼は自分の目的を見つけたのだと思いました。角を曲がって見えなくなるまで、私は彼に手を振りました。

チーム・トレーニング・キャンプの2週目は、マウイ島北岸の小さな海辺の町、パイアにある彼らの家で行いました。彼らが住んでいたのは、もともとサトウキビ畑の手入れをする労働者のために建てられた家でした。オリバーの寝床を見たとき、私は思わず笑ってしまいました。彼はとても男の子らしい犬でしたが、アバの部屋は妖精のプリンセスをテーマに、すべてピンクに彩られていたのです。子どもサイズのベッドがあり、オリバーと一緒に使うには十分な大きさでした。モニカは、オリバーが来てから、アバが起きたことがすぐにわかるようになった、と言いました。アバが起きると、アバの朗らかな笑い声と、オリバーの尻尾がトントントンと壁にぶつかる音が聞こえるからです。モニカはまた、オリバーが来てから、アバの発作がぐっと少なくなったとも話してくれました。

私たちは、オリバーが1日を通して、アバを助けるために使う様々なスキルを一緒に練習しました。週の終わりには最後の実技試験を行いました。私は部屋の隅に立ちながら、彼らの朝のルーティンを観察しました。

「オリー（オリバーの愛称）、ライト（灯りをつけて）」アバはベッドから言いました。するとオリバーは部屋を横切り、壁にあるスイッチを鼻で触って灯りをつけました。

「ゲット・マイ・ブレイセズ（私の矯正器具を持ってきて）」彼女が言うと、彼はクローゼットへ行き、彼女の小さな両足用の補装具をくわえてベッドに置きました。

「ありがとう、オリー」モニカはそう言いながら、彼の頭にキスをしました。次に、アバに装具を履かせてマジックテープのストラップを締めました。

「オリー、ゲット・マイ・クローズ（私の服を持ってきて）」とアバが言うと、オリバーはピンクの小さなドレッサーに行き、あらかじめ一番上の引き出しのつまみに結んでおいたロープを引っ張って引き出し

介助犬／てんかん発作探知犬オリバーとアバ

を開けました。モニカが前の晩に選んだ服を、彼は慎重に取り出しました。オリバーが洋服をベッドまで運ぶと「グッド・ボーイ、オリー！」とアバが言いました。

「プッシュ（押して）」のキューを聞くと、オリバーは戻って引き出しを前足で閉めました。アバの満面の笑みから、どれほどオリバーを誇りに思っているのかわかりました。

最後に彼女が「ゲット・マイ・シューズ（私の靴を持ってきて）」と言うと、オリバーはクローゼットまで行き、彼女のスニーカーを口にくわえました。片方が床に落ち、それを拾おうとしたとき、彼は誤って違う靴の片方を拾ってしまいました。オリバーは不揃いの靴を運び、誇らしげに彼女の膝に置きました。

「グッド・ボーイ、オリー」と彼女は優しく言いました。

「もう片方を持ってくるわ」私は申し出ま

したが、アバは言いました。

「ううん、平気。これを履くわ。オリーは一生懸命頑張ってくれたし、彼の気持ちを傷つけたくないの」

理学療法の間、オリバーは肩の上に短く硬いハンドルのついた革製のハーネスを着けていました。彼はアバが歩く練習をするのを助られるように、「ステップ（一歩進んで）」と「ウェイト（止まって）」の方法を学びました。彼女はオリバーのハーネスにつかまり、一緒にゆっくりと一歩ずつ歩きました。

アバは日中、薬を飲む時間になるたびに不機嫌になりました。オリバーに薬を持って来てもらうのはどうかと私が尋ねると、彼女の表情がぱっと明るくなりました。彼女の薬を紙袋に入れ、オリバーがそれをアバのもとへ届けるようにしました。それ以来、アバは薬を飲むことが楽しみになったのです。

毎晩、アバがベッドに入ると、オリバーは部屋の反対側にある机から本を持ってきて、モニカがふたりに就寝前の読み聞かせをしました。みんなでピンクの掛け布団にくるまって寄り添い、アバはオリバーを抱きしめながら眠りにつきました。モニカはそれぞれにおやすみのキスをして「ありがとう、オリバー」とささやくのでした。

モニカが初めてオリバーの吠える声を聞いたのは、リビングルームで洗濯物をたたんでいるときでした。いきなりだったので、彼女は驚きましたが、すぐに思い出してアバの部屋に駆け込みました。すると、アバが床に横たわり、その横にオリバーが不安そうに立っていました。アバに聞こえないことはわかっていましたが、モニカは落ち着かせようと話しかけ続けました。数分後、発作がおさまって意識が戻ると、オリバーは安心した様子でアバの頬にキスをしました。

オリバーとの最初の1年間で、アバの過敏症は大いに改善しました。モニカは、このような大きくて、愛情深い犬がいつもそばにいることで、アバが周囲からの多様な刺激に対する感覚を鈍らせることができたと信じていました。これは、オリバーを介助犬として迎えたときに予想した以上の大きなメリットでした。

各チームの年1回のフォローアップ訪問は、犬たちが健康で、グルーミングが行き届いているかを確認することも目的でした。クライアントには毎日、毎週、毎月それぞれ行うべきルーティンが決まっており、ブラッシング、歯磨き、耳掃除、爪切りなどを行うことになっていました。あるフォローアップの日、私はオリバーの歯が年齢の割にとても白くてきれいなことに気づきました。私はモニカにどれくらいの頻度で歯を磨いているのかを尋ねました。

「1日2回よ」彼女は答えました。「電動歯ブラシを使い始めたの。その方がきれいになるから。それから、問題ないといいのだけれど、フロスも毎日しているわ」

私は、彼女のオリバーへの丁寧なケアに感心するとともに、私自身のグルーミングルーティンをレベルアップしようかなと考えながら家に帰ったのでした。

アバが成長するにつれて、オリバーは彼女に自信を与え、他の人々とつながる架け橋となりました。彼女はオリバーをとても誇りに思っていて、オリバーがスキルを披露したときの人々の反応を見るのが大好きでした。

毎年オリバーの誕生日には、モニカとアバは特別なバースデーケーキを作ってあげました。ドッグフードとアお芋のケーキの上に細切りのニンジンをのせました。全員がバースデーハットをかぶり、みんながハッピーバースデーの歌を終えるまでオリバーは辛抱強く待ち、終わるとバースデーケーキにかぶりつくのでした。

アバは大きくなるにつれて積極的になり、いくつかのスポーツに参加して楽しみました。車椅子テニスを習い、サーフィンの大会にも出場しました。彼女は怖いもの知らずで、オリバーに車椅子で速く引っ張ってもらうのが大好きでした。これに関して、私は心配でしたが、それは杞憂でした。というのも、オリバーはアバの安全を常に確認し、そして生涯を通じて彼女に献身的に寄り添い続けたからです。

彼が15歳のとき、オリバーの地上での使命は完了しました。モニカから、彼がクリスマスの日に安らかに眠りについたとの電話がありました。翌週、彼らはフリーダム・トレイルまで遺灰を撒きに来ました。アバが車椅子に座り、彼の骨壷を膝の上に置いて泣く姿を見て、私は胸が張り裂けそうになりました。オリバーがいたことでアバは幸せな時間を過ごしたに違いありませんが、できることなら彼女にこの痛みを味わせたくありませんでした。しかし、悲しみの中でも、アバには新たな自信と強さが感じられました。オリバーとの時間が彼女を強くしたのです。

「アバ、つらいようなら、私が遺灰を撒こうか?」私が申し出るとアバは言いました。

「ありがとう、でもやりたいの。オリバーはいつも私と一緒にいてくれたから、最後まで私が見送ってあげたいの」

8／ミス・マネー・ペニー

人生とは、実際に起きたことが10パーセント、それに対してあなたがどのように
反応したかが90パーセントである。

チャールズ・R・スウィンドル

新キャンパスの建設が本格的に進んでいました。ノコギリの音が鳴り響き、切り出したばかりの木材のにおいがあたり一面に広がる中、長年、私たちが夢見てきた建物の骨組みが次第に出来上がってきました。ウィルは本領を発揮して工事を手伝ったり、下請け業者の監督を務めたりしていました。

ユーザー応募者のリストがどんどん増えていき、かつてないほどの数のトレーニング中の子犬たちを抱えていたため、私はキャンパスの完成を心待ちにしていました。その頃、私たちは初のスタッフとなるドナを採用しました。ドナは持ち前の素晴らしい能力を発揮して、電話応対、請求書の支払い、来客対応など事務方全般をサポートしてくれました。彼女はまた、私たちが普及に取り組んでいた地域社会支援プログラムの一環として、トレーニング中の子犬を連れて、地元の病院や老人ホーム、ホームレス・シェルターを訪問していました。

ある日、私がキャンパスの助成金申請手続きに追われていると、電話に対応していたドナが保留にして私に尋ねました。「応募したいという方からですが、電話に出てもらえますか?」

「もちろん」私は答え、ノートパソコンを閉じました。応募者と話すことは刺激になったし、私たちが力になれそうなときはワクワクしました。しかし、電話をかけてきてくれた人全員をサポートできないことは何よりもつらいことでした。

「こんにちは、モーです。どうされましたか?」

「アロハ」電話の向こうから、優しい声が聞こえました。「私の名前はアンジーです。ラナイ島から電話しています。8歳の息子のための介助犬を申請したくて電話しました」

アンジーによると、息子のマイキーは1歳8か月のときに溺れかける事故に遭い、そのときの酸素不足が原因で全身に麻痺が生じ、重度の視力・聴力障害が残っているのだそうです。その話を聞いた私は、胸が張り裂けそうになりました。続けてアンジーは、マイキーが頻繁にてんかん発作を起こすことも話してくれました。彼女は、介助犬がマイキーの生活の質を高め、彼の相棒となることを望んでいました。

困難な状況に直面しているにもかかわらず、アンジーが前向きな姿勢でいることに私はとても感銘を受けました。そして電話を切る頃には、犬がどのようにマイキーを助けられるのかはわからないけれど、何とか彼らの力になりたい、という気持ちが湧き上がってくるのを感じていました。

翌週、マイキーの申請書が届きました。彼は全身が麻痺しているため、物を拾う、電話を持ってくるなどの身体的な面で犬が手助けできることはそれほど多くはありませんでした。そこで私は、かつてアバ(訳注、「7／オリバー、別名ミスター・ママ」参照)に役立ったときのように、発作対応のスキルに焦点を当てることにしました。トレーニング中の犬たちに、この種の仕事の適性があるかどうかをテストしてみることにしました。

ドナが犬を1頭ずつ、トレーニングルームに連れてきてくれました。彼女が部屋を出ると、私は床に倒れ、手足を動かしててんかん発作の真似をしました。最初の犬はマーシャルという名前の、体の大きな黒いラブラドールでした。彼はしばらく私を見つめていましたが、外に出たがる様子を見せたかと思うと、そのままドアへ歩いていってしまったのです。次は人懐っこいイエローのラブラドール、ホクでした。彼女は私が床にいるのを見ると大喜びで私に飛びつき、夢中になって私の体に前脚で触ってきました。発作時の怪我を防ぐことが目的であって、怪我につながることは避けたいので、私はテストをすぐに中止しました。

次の候補は、ヴィニーという名の生後6か月のゴールデン・レトリーバーでした。私が床に倒れ込むと、彼は心配そうにしばらく私の周りをグルグル歩いていたので、その調子よ、と私は思いました。状況を分析してから、どうするかを決めているのね、と。ところが、床に倒れている私をこっそり振り返りながらその場を離れたかと思うと、彼はトリーツがのせてあるテーブルに飛び乗り、犬用ビスケットを食べようとしたのです。「はい、次!」という私の声で、ドナはヴィニーを連れ出し、最後の候補者を連れてきました。

ペニーは、いつもの控えめで気取らない様子で部屋に入ってきました。彼女が私を見ていないのを見計らって、私は床に倒れ込みました。彼女は私のところに駆け寄り、濡れた鼻で私の手に触れました。そして私の隣に座ると、部屋を見回して助けになるものを探したのです。私は手足を動かし続け、次に彼女が何をするかを待ちました。彼女は静かに鳴いたり、私を鼻で優しくつついたりしながら私の周りを2周しました。最後に、彼女は私の隣に横たわり、私の顔に鼻で優しく触れ、そっと頬を舐めました。私は目を開け、手足を動かすのをやめました。彼女がとてもほっとしたような表情を浮かべたのを見ながら、私は静かに彼女を褒めました。ペニーは、発作への対応に不可欠な相手への気遣いと、状況に応じて適切な動きができるという点を兼ね備えていることを示したのでした。

イギリスからやって来たペニーは生後15か月を迎え、一緒にやって来た親友のオリバーとは、上級トレーニングクラスのクラスメイトでした。子どもが大好きで、とても勘の鋭い子だったので、マイキーに合うかもしれないと思いました。彼女は他の犬よりも小柄で、なめらかな毛並みとウサギのようにやわらかい耳をしていました。

私はアンジーの自宅で面接する約束をし、献身的なパピーレイザーであるキミーのもとにいたペニーを迎えに行きました。私たちはマウイ島の西側にあるラハイナという町まで車を走らせ、小さなフェリーに乗り込みました。ラナイ島までは1時間の船旅です。ペニーと私はフェリーの甲板に出て、新鮮な空気と波しぶきを楽しみたい人々のためにある数少ない席のひとつに座りました。ラハイナ港を出る頃には、太陽が私の顔を温めてくれました。港をゆっくりと出ると、西マウイの険しい山々が町を見下ろすようにそびえ立っていました。１８００年代、ラハイナはハワイの首都で主要な港町でした。海辺には、今でも当時の建物が多く残っています。

マウイ島が遠ざかり、ラナイ島が近づくにつれ、私はこの神秘的な島を探検したい想いに駆られ、ワクワクしてきました。山頂は雲に包まれ、フェリーから見えるところは大自然そのもので、人の手が入った跡がまったく見えませんでした。やがてアウアウ海峡の中ほどまで来ると、波が高くなり始めました。ふと気がつくと、他の乗客はみんな、船内へ移動して、外にいたのはペニーと私のふたりきりでした。

フェリーは目前まで迫って来る大波の頂上で激しく揺れた後、波の谷間に勢いよく滑り降りました。あまりの緊張で必死に手すりにつかまりながら、私のラナイ島を見る目は１８０度変わりました。もしフェリーが転覆したら、ペニーと私は岸まで泳げるだろうか？　岸までは半マイル（約８００メートル）ほどに見えたので、行けそうだと考え、ペニーと私が他に誰もいない海岸線まで泳ぎ、岩だらけの海岸で身を寄せ合う姿を想像していました。さらにフェリーが沈没し、生存者がいないという悲劇的な知らせを受けたときのウィルの姿まで思い浮かべてしまいました。しかし彼ならきっと希望を捨てず、私たちを探しに来てくれるに違いありません。そのとき突然、波がフェリーの船首に打ち寄せ、私たちは全身ずぶ濡れになってしまい、想像の世界から一気に厳しい現実に引き戻されました。

「ペニー、レッツゴー」立ち上がりながら、私はできるだけ落ち着いた声で話しかけました。片方の手でペニーのリードを握り、もう片方の手で揺れる手すりをつかみながら、私たちは階段に向かいました。ゆっくりと階段を下り、エンジンから来るディーゼル臭が最も充満している船尾にたどり着きました。私は揺れのひどさから、だんだんと吐き気がしてきましたが、なんとかメインキャビンに入りました。中にいる地元の通勤客たちは、私たちの危機的状況に気づいていないようでした。私は最後列のベンチにたどり着き、座っている間は水平線をじっと見ることで、必死に吐き気を抑えようとしました。その間も波が窓をたたきつけ、フェリーは上下に揺れ続けました。数分後、しばらく空を見ていないことに気づき、私たちがまだ海の上にいるのか、もう海の下にいるのかさえもわからなくなっていました。

もしかして、フェリーが沈没しつつあることに気づいている人がいないか、他の乗客を見回してみましたが、驚いたことに、新聞を読んでいる人、中には眠っている人もいたのです！　ペニーがどうしているかを確認しようと見下ろすと、彼女も具合が悪そうでした。耳を後ろに引き、目を細めてまっすぐ前を見つめていました。ペニーは吸い込むような声を出し、頬がふくらんだりへこんだりし始めました。

「あぁ、ペニー、お願いだから」私がささやいた直後、彼女は身を乗り出し、大きな音を立てて床一面に嘔吐してしまったのです。これはさすがにみんなの注目を集めざるをえませんでした。私は床に視線を落として彼らと目を合わせないように努めたのですが、これが大きな過ちでした……続けて私も吐いてしまったのです。私は仕事の一環で華やかな場に立ち、人々の視線を集めることがあります。しかし、これは真逆の意味で注目を浴びる状況でした。私はリュックサックから犬用の掃除道具を取り出し、後始末を始めました。やっとフェリーが着岸すると、私は粉々になった尊厳のかけらをかき集めて背筋を伸ばし、ペニーと船を降りてレンタカーに向かったのでした。

ラナイ・シティは人口３０００人ほどの小さな町でした。私は少し道を間違えたおかげで、町の中心にあるドール・パーク周辺の風光明媚な道路をドライブすることになりました。のびやかな草地が広がり、針葉樹のノーフォーク・パインがそびえ立つ美しい公園でした。公園を囲む通りには地元の企業や小さな商店が軒を連ね、住宅エリアにはもともとパイナップル畑で働く労働者のために建てられた家が数多く立ち並んでいました。

アンジーの家は町を見下ろせる丘の上にあり、手入れの行き届いた前庭がありました。アンジーは玄関先に立ち、笑顔で私たちを迎えてくれました。

「私はモー、そしてこちらはトレーニング中のペニーです」

「なんて美しい子なの」アンジーは手を伸ばしてペニーを撫でました。ペニーはその褒め言葉に微笑み、尻尾を振って返事をしました。

リビングルームの中央に置かれたベッドの上に、医療器具に囲まれたマイキーが横になっていました。淡い肌と明るいブロンドの髪は、まるで天使のようでした。身動きひとつせず、彼の澄んだ青い目は焦点が合っていないように見え、私たちが部屋にいることに気づいたのかもわかりませんでした。

「彼がマイキーよ」私たちが彼に近づくと、アンジーは明るく言いました。

「こんにちは、マイキー。私はモーです」私は言いながら彼の隣にひざまずきました。ペニーはどんな反応をするのだろうと見ていると、ためらうことなく彼に近づいたので、私は驚きを隠せませんでした。

彼女はベッドの上でマイキーの隣に横たわり、彼のお腹の上に頭を乗せました。その行為が問題ないかをアンジーに確認するために見上げると、アンジーは涙を流しながら微笑んでいました。私は手を伸ばし、マイキーの手を握りました。彼は今まで触れたことがないほど、やわらかな肌をしていました。アンジーと私が話している間、ペニーはマイキーから目を離しませんでした。まるで彼女の魂が彼を見つけて、「ここにいたのね！　ずっとあなたのことを待っていたのよ」と言っているかのようでした。

アンジーは他の部屋を案内し、ペニーが遊べるようなフェンスで囲まれた裏庭を見せてくれました。リビングルームに戻る途中、ペニーは床にあったぬいぐるみを拾い上げると、マイキーのところに持って行き、胸の上に乗せました。反応がないので、彼女はぬいぐるみを鼻でそっとマイキーの顔に押し付けました。大丈夫だろうかと心配していると、突然、マイキーが大きな声を出したので、私はとっさにアンジーを見ました。

「マイキーは大丈夫？」

「笑っているのよ！」彼女は涙を流しながら言いました。「私たちも滅多に聞けないのよ」

私は周囲の人への共感性が高く、気分が悪い人がいると同じように気分が悪くなり、泣いている人がいるとつられて泣いてしまうタイプです。しかし、私たちが力を尽くす相手の人々が求めているのは、補助であって同情ではないことを知っているので、設立時に決めた「クライアントの前では泣かない」というポリシーに従おうと努めてきました。

私の願いは、彼らに喜びを与え、暗闇に差し込む一筋の光となることです。彼らの悲しみやつらさに共感しすぎてしまったら、それができなくなってしまいます。そのときも、アンジーの涙につられそうになるのをこらえながら、質問を続けました。

アンジーの夫のマイクが昼休みに仕事から帰ってきて、ペニーに会えたことを喜んでくれました。私は彼らに、マイキーのために犬にやってほしいことについての具体的な要望を確かめました。彼らが何よりも望んでいたのは、マイキーの友だちになることでした。マイキーと一緒に寝たり、彼らがマイキーを乗せたリクライニング車椅子を押して散歩するときに、一緒に歩いてくれる犬を求めていました。

彼らはまた、必要なときにマイキーの服を引き出しから取り出し、オムツを持ってくるのを手伝ってほしいとも言いました。アンジーから、1日に何度も起こるマイキーのてんかん発作のとき、犬が知らせることは可能かと尋ねられました。これに対しては、彼の発作の兆候がかすかなものであること、あまりに頻繁に起こるために見慣れてしまったペニーがいずれ見逃す可能性があることを考えて、できるという保証はしませんでした。

私は、ペニーのトレーニングに向けた準備の第一歩として、マイキーの周囲の環境を再現できるように、車椅子を含め、家周りのあらゆるものを写真に撮りました。

出発する前に、私は別れを言うためにマイキーのそばに座り、彼のやわらかく透き通るように白い手を握りました。ペニーは先ほどと同じように、彼の隣に横たわりました。アンジーが、マイキーは主に触覚を通じて周囲を認識している、と説明してくれました。そこで私はマイキーの手をそっとペニーの耳の上に置き、ビロードのようなやわらかさを感じてもらえるよう、前後に動かしました。そして目を閉じ、静かに祈りました。

「マイキーがペニーを見ている！」アンジーが叫びました。

目を開けると、マイキーの目が意思をもって、自分の左側にいるペニーの方へ向いていました。マイクの話では、マイキーの目を対象物に向けさせることが、現在行っている治療の一番の目標でした。これまでにも私が体験してきたことではありましたが、犬は実に様々な方法で人を助けることができるのだとあらためて実感しました。マイキーが自ら目を動かすように手助けしたことは、物を取ってきたり、ドアを開けたりするのと同じくらい、重要な役割なのですから。

マイクとアンジーは私たちを車まで見送ってくれ、大きなハグをして別れを告げました。ペニーは助手席に飛び乗り、窓から顔を出してふたりに笑顔の挨拶を返していました。私は2ブロックほど先までなんとか車を走らせ、道路脇に停車すると、一気に泣き崩れました。ペニーは私に寄り添い、かわいい前脚を持ち上げて慰めてくれました。その前脚を握りながら、私はマイキーのために、どうかペニーが彼の力になれますように、と祈ったのでした。

マウイに戻り、私はペニーにマイキーの助けになるための特別なスキルを教え始めました。助ける相手のことを思い浮かべながら、そこに焦点を絞ってトレーニングするこの過程が私は好きでした。マイキーのものに似た中古の子ども用車椅子を見つけ、私たちはショッピングモール近くの歩道で練習を始めたのですが、ペニーはその横について見事に歩くことができました。見知らぬ人がまるで不審者を見るような目で私を見ていました。私が誰も乗っていない車椅子を押し、その横でペニーが楽しそうに歩いていたからです。私は落ち着いて、問題ない、というような笑顔を見せるようにしました。

ペニーはすぐにドアを開けること、戸棚から布を取り出すこと、物を運ぶことを覚えました。アンジーが送ってくれたマイキーの発作の様子を撮った動画を参考に、私がマイキーの動きを再現すると、ペニーは吠えることを覚えました。また、ペニーは「ゴー・ファインド・マム（ママを探して）」というスキルも覚え、マイキーが苦しんでいるときは、アンジーを鼻でつついて知らせることもできるようになりました。

アンジーがマウイ島にやって来て、ショッピングモールにある私たちのオフィスで行うチーム・トレーニング・キャンプの第1週目に参加する時期が来ました。

その頃、ウィルは新キャンパス建設に精力的に取り組んでいました。完成の段階に近づきつつありましたが、プロジェクトの資金がいよいよ底をつき、駐車場、ペンキ塗り、家電、家具の購入にまだかなりの額が必要でした。すでに私は、地域のありとあらゆる基金に助成金を申請し、もうなす術がない状態でした。

そんなある日、アンジーと一緒にペニーのトレーニングをしている最中に、風格のある紳士が突然オフィスを訪ねてきました。彼は邪魔をしたことを詫び、封筒を届けに来ただけだと言いました。その日の終わりにひとりになった私が封筒を開けると、中にはこれまで受け取った中で最も高額の小切手が寄付金として入っていたのです。私は思わず、自分の目を疑いました。しかも、その額は私たちがキャンパスを完成させるために必要な金額ぴったりだったのです。神は私たちに再び奇跡を与えてくださったのです！

翌週、私はラナイ島へ行き、マイキーとペニーはチーム・トレーニング・キャンプの第2週目を行いました。練習は主にマイキーの家で行いましたが、毎日、近所への散歩にも出かけました。介助犬のことを知ってもらうために、地元の小学校で障害と介助犬についての講演会も行いました。地元紙「ラナイ・タイムズ」にマイキーとペニーの記事が掲載され、彼らはたちまち町の有名人になりました。

私は、ペニーがすでにマイキーに献身的であることに胸を打たれていました。ペニーはマイキーに四六

マイキーと介助犬ペニー

時中寄り添い、食事や外出を終えると、すぐにマイキーのそばに駆け寄っていくのでした。

　それから数か月後、ペニーは夜中にアンジーの腕を鼻でつついて起こしました。

「まだ朝じゃないわよ。寝なさい」アンジーはつぶやきました。

　ペニーはそれでもしつこく居座り、クンクン鳴き始めました。

「どうしたの？　外に行きたいの？」アンジーはしぶしぶベッドから起き上がりました。しかしペニーは外へ出るドアではなく、廊下を走ってマイキーのところに戻りました。はっとしたアンジーが彼女の後を追うと、マイキーの呼吸が止まり、顔は血の気を失っていたのです。アンジーが急いで痰を吸引すると、マイキーは咳き込み、呼吸と顔色はいつも通りに戻りました。

アンジーは深く安堵のため息をつきながら、マイキーの隣に座り込みました。ペニーは家じゅうのぬいぐるみを探してきて、マイキーの上に乗せました。翌朝、窓から差し込む太陽の光でアンジーが目を覚ますと、ペニーはマイキーの隣で丸くなり、ふたりともぐっすり眠っていました。アンジーはペニーを与えてくださったこと、そして大切な息子といられる時間を延ばしてくださったことを神に感謝しました。その年の暮れ、ペニーはマイキーの命を救ったことを称えられ、「マウイ郡ヒーロー・アワード」を受賞したのでした。

しばらくしてマイキーの両親は、ペニーが家族の一員になってからマイキーの発作が少なくなったことに気づきました。また、ペニーのおかげでマイキーは外に出る機会が増え、毎日の散歩で近所の人たちに会うようになったことは予想外の効果でした。アンジーは、マイキーとペニーが一緒にいるのを見て、人々が楽しげに微笑むのを見るのが好きでした。家族は毎日、町の中心にあるドール・パークの端を散歩しました。地域の行事はすべてこの公園で行われており、島に住むケイキ（ハワイ語で子どもの意味）たちが楽しみにしている毎年恒例のイベント、復活祭のイースターエッグ探しもここで行われていました。

その春、アンジーとマイクは、マイキーとペニーを連れて、このイベントを見に行くことにしました。子どもたちは年齢別のグループに分かれ、年齢が下のグループから順に行われるのです。女の子はみんな、復活祭用の華やかなドレスを着て、男の子たちはとっておきの正装で参加していました。ペニーはマイキーのそばに座り、子どもたちがプラスチック製の卵を探しに公園中を走り回るのをじっと見ていました。そこへ主催者のひとりがやって来て、次はマイキーの年齢のグループの番だから参加しないか、と尋ねてきました。

　マイキーが他の子どもたちと一緒に、何かの活動に参加するように誘われるのは初めてのことでした。アンジーとマイクはお礼を言い、マイキーは目が見えないので卵を探すことはできない、と説明しました。

「でも、ペニーはレトリーバー（訳注、「レトリーバー」とは英語で「持ってくる者」の意味）だから、助けてくれるかもしれないよ」主催者の男性が微笑みながら言ったので、アンジーはすぐさま賛成しました。

「それはいい考えね。ぜひ参加させてちょうだい！」

「次は8歳から10歳のグループの番です」――司会の声がスピーカーを通して響きました。子どもたちは集めた卵を入れるバスケットを持ってスタートラインに集まりました。車椅子に乗ったマイキーはその集団の真ん中に陣取り、すぐ横にペニーがつきました。

「位置について、よーい、スタート！」

　アンジーはペニーのリードを外し、「ゴー・ファインド（探しに行って）」と指示を出しました。ペニーは子どもたちと一緒に飛び出し、隠されたプラスチックの卵を探しに芝生を駆け回りました。マイクはマイキーの車椅子を芝生の上で走らせ、アンジーは全力でペニーの後を追いました。

　アンジーが持っていたマイキーのバスケットは、瞬く間に卵でいっぱいになりました。ペニーには、隠された卵を見つけるのに有利な点がありました。彼女はライバルたちと違って、目だけでなく、鼻も使って探すことができたのです。

　笛が鳴り、「さあ、みなさん、時間です！　バスケットを持ってきてください。優勝者を発表します」司会者が言いながら、優勝賞品を掲げました。それは山ほどのお菓子が詰め込まれた大きなバスケットでした。会場は静まり返り、優勝者の発表を待ち構えました。

「今年の8歳から10歳の部門の優勝者は、マイキーとペニー・ラボインです！」

マイキーの車椅子を両親がステージに押し上げ、ペニーがその横を誇らしげに歩くと、みんなが歓声を上げました。マイキーは喝采している観衆を見渡すと、笑い出しました。すると観客の歓声はさらに大きくなったのでした。マイキーとペニーはその後3年間、チャンピオンの座に君臨し続けました。

ペニーが6歳のとき、景気が低迷し、マイクはホテルでの仕事を失ってしまいました。私がアンジーに家族のこれからの計画について尋ねると、彼女はこう答えました。

「家も失うから、引っ越さなければならないの。でも、本土でキャンピングカーを買って、アメリカ横断の旅に出ることにしたのよ」

「本当に？」私は驚いて尋ねました。

「ええ、『マイキーとペニーの大冒険』と名付けたのよ！　私たちはマイキーとの残された時間を存分に楽しみたいし、できるだけ多くのことを経験させてあげたい。これは絶好のチャンスだと思うわ」

家も収入も失うことを、新たなチャンスだととらえる彼女の姿に私は感動し、どんな状況下にあっても最善を探すことを忘れないようにしよう、と深く心に刻んだのでした。

1か月後、彼らは『マイキーとペニーの大冒険』へ旅立ち、行く先々から絵葉書を送ってくれました。最初の1枚はディズニーランドでのふたりの写真入りでした。マイキーとペニーはミッキーマウスのコスプレをして、他でもない、ミッキーマウス本人と一緒にポーズをとっていました。やがて長い旅を終えた一家はカリフォルニアに居を定め、家族みんなが日々一緒にいられることに感謝し、悔いが残らないように精一杯生きたのです。

9／ゼウスは語る

できないことを、できることの妨げにしてはならない。

ジョン・ウッデン

真昼の強い陽射しが澄み切った美しい青空から差し込み、白い雲が湧き上がるように広がっていました。マウイのアップカントリーのなだらかな緑の牧草地に囲まれた「アシスタンス・ドッグス・オブ・ハワイ」のキャンパスがついに完成し、竣工式の日がやって来たのです。ハワイの伝統的な儀式を交えた式を執り行うトム牧師がみんなの前に立ち、その隣にいる彼の息子、マイクは私たちの研修を修了した第1期メンバーのひとりで、クインシーという名前の介助犬を連れていました。他の卒業生たちや、この大いなる夢の実現に尽力してくださった何十人もの献身的なボランティア、寛大な支援者たちも集まっていました。

トム牧師が祝福の言葉を述べ、魂に響くハワイアン・チャントが唄われる間、ウィルと私は牧師の隣に立ち、耳を澄ませました。急に強い風が吹きわたり、頭上のユーカリの枝を揺らしました。私は目を閉じて、この美しい土地を与えてくださった神に感謝し、この土地が何世代にもわたって島の人々に恩恵をもたらすよう、一心に祈りました。

トム牧師が新キャンパスへのハワイ語の祝福を終えると、人々の息を飲む声が聞こえてきました。顔を上げると、上空に鮮やかな二重の虹がかかっていたのです。この地で虹を見ることは珍しくありませんでしたが、このときの虹は私にとって啓示に思え、神の存在をとても身近に感じられました。雲が近づき、穏やかな霧に包まれてきました。それはまるで天が手を伸ばし、大地に触れているかのようでした。

私は霧の中に見え隠れする、赤い壁に白い窓枠が映える素朴な建物を眺め、ウィルと私が何年もの間、紙切れやレストランのナプキンにスケッチしてきた設計図を思い出しました。私たちが夢に描いていた最新式のトレーニングルームがあり、受付事務室、教室、車椅子対応のアパート、運動場もありました。キャンパスは思い描いていた以上に素晴らしく、定住の地を得たことに感謝の気持ちでいっぱいでした。このキャンパスで過ごす1日1日が、無限の可能性に満ちた新しい冒険のように感じました。

1週間後、私はキヘイの強い陽射しを感じながら、日よけの下で7頭のイエローのラブラドール・レトリーバーの子犬たちを見つめていました。彼らは草の上で転がり回り、大はしゃぎしていました。子犬たちはナイトの血縁で、私たちのプログラムに賛同してくれた寛大なブリーダーが子犬を選ぶ機会を与えてくれたのです。

アルファベット順に付けてきた子犬の名前は「Z」まできていました。私は子犬たちが不器用にじゃれ合うのを見て笑い、膝をついて子犬たちを撫でました。私はすぐに1頭の子犬に気がつきました。青い首輪をしたその子犬は、他の子犬たちから離れて座り、物思いにふけっているようでした。私に気づくと、彼は優しく知的な表情で私の目をまっすぐ見つめていました。

犬の社会では、長時間目を合わせることは敵意を表すため、自然と避ける行動をとります。中には、人間と過ごす時間の経過と共に、目と目を合わせたいという人間の希望に順応してくる犬もいます。この子犬の集中力と目を合わせることが上手な点は、介助犬としてプラスになるかもしれないと感じました。その日のうちに気質スクリーニングを行うと、私がこれまで見た中での最高得点を記録しました。この子犬をゼウスと名付けました。

ゼウスは生後8週で最初期の子犬クラスに入り、パピーレイザーのエレインに託されました。彼女はそれまで担当していた子犬を上級レベルのクラスに送り出し、その日のうちにゼウスを家に迎え入れてくれました。彼女はゼウスに、屋内でのマナーや社会性、基本的なしつけを教え始めました。

7か月後、ゼウスは最初期と基本レベルのクラスを終え、新キャンパスで上級トレーニングを行う最初のグループの一員となりました。私は彼を遠足に連れていき、視覚（鳥、猫、風に舞う木の葉）、聴覚（車のエンジンの異常音）、嗅覚（周囲のあらゆるにおい）といった気を散らせる様々な要素に対する彼の反応を評価しました。驚いたことに、ゼウスは公共の場にあっても、非常に高いレベルでハンドラーに集中することができました。まさに、ゼウスは介助犬になるべくしてなった犬だったのです。

その頃、私たちは最初のインターンとしてケイト（訳注、ケイト・ドール。作業療法士／博士、世界医療修士、米国陸軍大尉。「13／ベイリー、日本へ行く」に登場するベイリーの後継犬、アニーの導入当時からシャイン・オン・キッズのファシリティドッグ・プログラムに貢献。現在は同団体のエグゼクティブ医療アドバイザーを務めている）を雇ったところでした。彼女は聡明でエネルギーに満ちあふれた若い女性で、「アシスタンス・ドッグ・インスティテュート」を卒業し、医学の学位も持っていました。ケイトはキャンパス内のアパートに移り住み、増え続けるトレーニング中の子犬たちの世話を手伝ってくれました。彼女はゼウスに手動と電動車椅子の両方を使い、左側につくスキルを教えました。生後12か月になる頃には、ゼウスはすでに90以上のキューをマスタートしていたのです。

８年間にわたって介助犬をトレーニングし、犬たちが活動を通して人々の世界に多様な変化をもたらしていることを目の当たりにして、私はまったく新しいアイデアを思いついていました。犬にはもっと、人々を助ける未開拓の可能性が数多く潜んでいると信じていました。探知犬の分野、中でも特に医療の領域で、犬にがんやその他の病気を検知する方法を教えることに興味がありました。

私はカリフォルニア州にあるバーギン大学で、犬の生命科学の修士課程が新しく導入されたことを知り、入学することを決めました。これは2年間の課程で、年に数回、２～３週間ほど、現地での集中研修を履修しなくてはなりません。しかし、それ以外の講義はリモートで行われたので、学業とフルタイムの仕事を両立することができたのです。自分が最も情熱を注いでいる分野について学べる上に、世界でもトップクラスの動物行動学者やドッグトレーナーから学べるチャンスに心が弾みました。

最初とは違って、今回は自信を持って授業へ臨もうとしている自分に気づき、驚きました。自分自身のことだけではなく、外の世界に目を向け、人を助けることに専念することで、かつて抱いていた恐怖感や不安感がいつの間にかなくなっていたのです。その代わりに、目的意識が芽生え、自分の殻に閉じこもることなく、強い信念をもって一歩外に踏み出せるようになっていました。

そんな中、ハワイ大学の大学院生だったブライアンという青年から介助犬の申し込みがありました。ブライアンは脳性麻痺からくる神経疾患の症状として、筋肉の動きや運動機能に障害を抱えていました。電動車椅子を使用していましたが、より自立した生活を送りたいと望んでいました。彼は介助犬の理想的な候補者でしたが、ひとつだけ例外がありました。ブライアンは言葉によるコミュニケーションが難しかったのです。

そのため、言葉によるキューが必要な介助犬のパートナーとしてはふさわしくない、とされていました。私たちはブライアンに、スキルド・コンパニオン・ドッグ（訳注、障害を持つ人に付き添う保護者と一緒に社会活動を行う犬）を迎えてはどうか、と提案しました。ただし、これにはブライアンと犬の交流を手助けする第三者の介入が必要なため、彼はこの申し出を辞退しました。1日中誰かに付き添ってもらうのは、ブライアンにとって現実的ではなかったからです。

私は遠く離れたカリフォルニアで、犬の認知能力についての講義を受けていましたが、ブライアンのことが頭から離れませんでした。彼はとても聡明で才能豊かな青年だったので、彼ひとりで犬とコミュニケーションをとる方法があるに違いないと確信していました。彼ができないことではなく、できることに着目することで解決策が見つかると信じて、考えを巡らせていました。

最初に考えたのは、ブライアンが車椅子のトレイに取り付けている「文章読み上げ装置」を使う方法でした。その装置に言葉でキューを録音し、それを簡単なハンドシグナルと組み合わせれば、犬とコミュニケーションがとれるかもしれません。

卒業論文のテーマを決める時期が来て、いくつかのアイデアが浮かびました。当初、私が注目したのは「がんの探知」でした。しかし、私たち学生は既成概念にとらわれず、これまでになく新しい方法で、今あるニーズに対応することを考えるように勧められていました。

卒論のために提出した3つのテーマから卒論の指導や審査を行う委員会が選んだのは、「人間と介助犬のための言葉を介さないコミュニケーション・システムの構築」でした。これは私が一番やりたかったテーマだったので、とてもうれしく思いました。ブライアンは、彼自身が直接、コミュニケーションできる介助犬とパートナーになることを目標に、私に協力してくれることになりました。

介助犬ゼウスとブライアン

障害を持つ人たちがより自立できるように、何か新しいものを作り出すことは、まさに私の夢でした。ゼウスは賢く、視線を合わせることが上手だったので、ブライアンのためにゼウスを選びました。まず私は、ゼウスが録音した音声へどう反応するかを確認することから始めました。ブライアンが持っているタイプの「文書読み上げ装置」を使いましたが、すぐにうまくいかないことに気づきました。犬とのコミュニケーションで最も重要なのは、声の高低とキューを出すタイミングです。しかし、ゼウスは単調なコンピューター音声にうまく反応できず、さらにキュー入力に時間がかかりすぎるため、良案とはいえませんでした。

次に試したのは、あらかじめ録音しておいた短い音声が鳴るボタンを車椅子に取り付け、そのボタンを押してキューを伝える方法でした。ウィルに「シット」、「ステイ」、「カム・ヒア」といった短いキューを言ってもらい、それを録音しました。こちらの方が少しはうまくいきましたが、手が不自由なブライアンはボタンを押すことが難しく、解決策とはいえませんでした。

その次は、一度に50のキューを録音することができる、5行10列のボタンが並んだ装置を試しました。しかし、車椅子のトレイにはブライアンが日常的に使う装置が載っているため、必要に応じて装置を置き換えることは難しかったのです。ブライアンにとって小さなボタンを押すこと自体が難しく、タイミングがずれてしまうのも問題でした。さらに最大の難点は、ブライアンが装置を操作する間、ゼウスへの集中が途切れてしまうことでした。録音したキューではうまくいかないことが明らかとなり、私は計画を練り直すことにしました。

かつて、バートと私が「アメリカンケンネルクラブ」のしつけ競技会に出場していた頃、犬とのコミュニケーションにハンドシグナルがとても役立ったことを思い出しました。最高レベルのスキルは「ユーティリティ」と呼ばれ、ハンドシグナルだけで犬にキューを出すことが求められます。バートは私のハンドシグナルだけでなく、それに込めた意図やエネルギー、そして私の表情までよく観察し、反応することができました。

身体的なキューだけを使う場合の最大の課題は、ブライアンの可動域が非常に狭いことでしたが、私たちは彼ができることに集中することにしました。彼は頭を動かし、右腕と右手をコントロールできました。また、右手の親指以外の指は動かすこともできました。私は右腕と右手を使って、ブライアンが身につけられるような簡単な合図を作り始めました。ゼウスはすぐに「シット」（肘を曲げて手を肩の方に持っていく）、「ダウン」（人差し指で地面を指す）、「ステイ」（手のひらを犬に向けて腕を外側に伸ばす）、「シェイク」（手のひらを上に向けて犬の方に手を伸ばす）、「カム・ヒア」（腕を伸ばしてから肘を曲げ、手を胸の方に持っていく）、「レッツゴー」（腕を体の横から前に振り出す）の合図を覚えることができました。

私はブライアンの動きをできるだけ忠実に再現できるように、彼のすべての動きを録画しました。それによって、ゼウスがブライアンとの生活を始める日が来たときに、ゼウスがよりスムーズに活動できるようになると思ったのです。私自身とブライアンが合図を出しているビデオを見比べると、「カム・ヒア」のキューで、私は手のひらを上に向け、親指を立てた状態で、他の指を曲げて手招きするように動かしていたことに気づきました。私とブライアンのキューは徹頭徹尾、一致させておかないとゼウスを混乱させてしまいます。

その後、ゼウスと「カム・ヒア」の練習をしたとき、ブライアンの手と同じ見た目になるように、右手の親指を手のひらに折り込み、合図を出してゼウスを呼んでみました。トレーニングルームの反対側に座っていたゼウスは、私が合図するとすぐにやって来ました。そこで、奇妙なことが起きたのです。

3回目にキューを出したとき、「カム・ヒア」の合図を出す前、私が親指を折り込むだけでゼウスがすぐにこちらへ来たのです。この瞬間、ゼウスが私のほんのわずかな動きにも注意を払っていること、このコミュニケーション方法が無限の可能性を持つことに気づきました。それ以来、私はトレーニングを始める前に親指をガムテープで手のひらに固定し、ブライアンの状態にできるだけ近づけて合図を出すようにしました。

私は介助犬が習得するべき90のキューすべてに対応するハンドシグナルを、ブライアンとゼウスの双方にとって最適なものになるように心がけて作りました。犬には人と身体的に同調しようとする本能があります。多くの合図では、私の腕がゼウスの体を表し、私が腕を前後や上下に動かすと、ゼウスはそれに沿って反応しました。私の手はゼウスの頭を表し、私の指はゼウスの口を表していました。「ホールド（持って）」のキューは手のひらを地面に向けてこぶしを握るだけ、「ドロップ・イット（落として）」は先にこぶしを作り、それから手のひらを地面に向けて開く。ゼウスは熱心な生徒で、すぐにすべてのハンドシグナルを覚えました。初めはハンドシグナルと言葉によるキューを合わせて出していましたが、それを2、3回繰り返しただけで、常にハンドシグナルだけで反応できるようになったのです。ケイトはアメリカ手話を知っていたので、そのいくつかも取り入れました。

私が最も心配していたのは、ブライアンがゼウスにやって良いことと悪いことを伝えるための指示をどう与えるかということでした。この点に関しても、私たちは言葉に頼らない方法を考え出しました。「グッド」なら笑顔を見せる、正しい行動をしていると伝える「イエス」なら車椅子の肘掛けに取り付けたクリッカーを鳴らす。その調子で頑張って！　と励ます「ザッツ・イット」なら両方の眉を上げてうなずき、そうじゃないよと伝える「エ！」なら、車椅子に取り付けたトレイを手で叩いて音を出す、といった具合です。私はブライアンの録画を見て、彼と同じように眉を上げ、笑顔を見せ、うなずく練習をしました。

ゼウスが個々の合図を習得すると、次に私はそれらを組み合わせて「ゴー・ファインド・マム（ママを探しに行って）」というような文章にしました。「ゴー」は指で遠くを指し、「ファインド」は指2本で自分の両目を指しました。「マム」はアメリカ手話を応用して、手のひらを正面に向けた状態で自分の顔の横に持ってくるようにしました。この場合の問題は、文章の頭の「ゴー」を見たゼウスが、すぐにどこかへ行ってしまうことでした。

私は「マム、ファインド、ゴー」と目的語を先にして、動詞を後にするように順番を入れ替えてみました。すると、まるで魔法のようにうまくいったのです。同じように、ゼウスは「キー（鍵）、ゲット（取って）、ゴー（行って）」や「ドア、タグ（引っ張って）、ゴー」など多くのことを覚えました。

ゼウスの手話を交えたハンドシグナルへの反応の良さは話題となり、「手話を知っている犬」を見ようとキャンパスを訪れる人たちまでいるほどでした。見学者はトレーニングルームの端に並べた何列もの椅子に座り、ゼウスが様々な合図に反応するたびに拍手をしてくれました。ゼウスは真面目な犬でしたが、観客からの拍手にまんざらでもない様子で、いつも以上に活き活きとした表情を見せていました。ゼウスはハンドシグナルによるコミュニケーションをとても気に入っていたので、私がうっかり言葉でキューを出してしまうと、「僕、言葉はわからないよ」とでも言うかのように、何も反応せず、無表情で私を見つめているだけでした。

ある日、私はブライアンからの依頼を受けて、パソコンからUSBメモリを外す方法をゼウスに教えていました。ゼウスは私をじっと見て、USBメモリの新しい合図を懸命に考えていました。そしてすべてを理解したかのように目を輝かせると、パソコンに向かってきて、USBメモリに付けた小さなストラップを前歯に挟み、慎重にUSBメモリを引っ張って外しました。私はゼウスに向かって眉を上げ、ブライアンと同じようにうなずきました。

次に、私は無言で「ブリング・イット・ヒア（それをここに持って来て）」、「ステップ（前足を乗せて）」、「ハンド（渡して）」と続けてシグナルを出しました。彼は迷うことなく、私が座っていた車椅子のフットレストの上に立ち、差し出した私の手のひらにUSBメモリを置きました。

私は、ゼウスがこんなにも早く、戸惑うことなくハンドシグナルを覚えたことにとても驚きました。しかし、犬の主なコミュニケーション手段はボディランゲージなのですから、これは当然のことだったのです。犬同士はこの方法で互いにコミュニケーションをとり、犬が人間のボディランゲージを読み取る力は、私たちのそれよりはるかに長けています。さらに素晴らしいのは、犬たちが自分たちとはまったく異なる人間の話し言葉を理解できることです。ゼウスは明らかに、新しく生まれたコミュニケーション方法を楽しんでいると同時に、やっと自分たちと同じ言葉を使ってくれた！　と思っていたに違いありません。

「犬の言葉を話している？」——ずっと頭の隅へ置き忘れていた、幼い頃の誕生日の願いを思い出しました。長い年月を経て、ついに私の夢が叶ったことに気づいたとき、私は声を上げて笑いました。私は動物と話せているんだわ！

ブライアンと彼の両親が新キャンパスの最初のチーム・トレーニング・キャンプに参加するためにやって来ました。想像していた通り、ブライアンは優秀な生徒でした。彼の父親は親切で物腰のやわらかな男性で、母親は小柄ながらパワフルで明るい笑顔の女性でした。彼らはみんな、ユーモアにあふれ、いつものように私はクライアントだけでなく、その家族全員のことも大好きになりました。

出会った瞬間から、ブライアンとゼウスには特別な絆が感じられました。ふたりともこれまでの人生で、言葉という方法を使わずに、周囲とのコミュニケーションをとろうとしてきたのです。それが今、彼らはお互いに通じ合える〝自分たちの言葉〟を得て、次なるレベルへと上ろうとしていました。ゼウスは子犬の頃と同じように、ブライアンの顔から視線をそらさずに彼の目をじっと見つめました。ブライアンの表情のかすかな動きまですべてを覚え、ハンドシグナルと同様にそれに反応しました。

2週目のチーム・トレーニング・キャンプは、彼らの暮らすオアフ島で行いました。最初の2、3日は彼らの家や近所で練習し、ブライアンが大学院に通うハワイ大学のキャンパスにも行きました。

幼い頃からアメリカンフットボールの大ファンだった彼は、そこでアメフトチームのアシスタントコーチも務めていました。まだ学部生だった頃、彼は毎日、放課後にフェンス裏からチームの練習を見ていました。そんなブライアンに目をつけたコーチが、ブライアンをチームに招待しました。彼らはすぐに、ブライアンがアメフトのゲーム勘が鋭く、ゲームの複雑さを理解していることに気づきました。やがて彼はアシスタントコーチとして雇われ、ハワイ大学のアメフトチーム、「レインボー・ウォリアーズ」は、ブライアンの貢献もあり、学校史上初の無敗シーズンと、過去最高の全米ランキングを達成したのです。

ブライアンはハワイ大学教育学部の講師となり、ゼウスはすべての講義に同行しました。ブライアンがハワイ大学のスクールカラーの緑色のポロシャツに身を包み、ゼウスが隣をトコトコと歩く姿がキャンパスでよく見られるようになりました。ゼウスはその美しい容貌と黄金色に輝く毛並みで注目の的となりました。彼の両肩には他の部分よりも明るい色で特徴的なマークがありました。ブライアンはこれを「天使の羽」と呼び、ゼウスが天から遣わされた証だと言っていました。

ゼウスはブライアンの学生たちに大人気でした。彼らの多くは特別支援教育に関わる教員を目指して学んでいました。講義初日にブライアンは自分の財布を落とし、ゼウスがそれを拾ってブライアンの手に載せるというスキルを披露しました。彼は、誰かに助けを求める必要がなくなったことに感謝している、しかもゼウスならお金を盗まれる心配もないと言って学生たちを笑わせました。ブライアンは介助犬に対するエチケットや、仕事中の介助犬の邪魔をしないことの大切さについても学生たちに教えました。彼らを喜ばせるために、ブライアンは講義最終日にはいつも例外的にゼウスを撫でていいことにしていました。

私たちのクライアントの多くは進行性の障害を抱えており、時間の経過とともに運動機能や発話能力を失っていくことも少なくありません。私は、彼らが思うように体や声を使えなくなっても、犬とのコミュニケーションを続けられる方法を見つけたい、と常々考えていました。今回のことを通して、人間と同じように、犬も相手の視線を追いかけ、相手の見ているものが何かを確認することを学べるとわかりました。それをもとに、私は「視線トレーニング」という、目の動きだけで犬とコミュニケーションをとる方法を開発したのです。

まず、犬の注意を引くためのキューを教えます。犬の名前を呼んで注意を向けさせる代わりに、まっすぐ犬の目を見て、両方の眉を上げ、まばたきを2回するというものです。犬がこちらに注意を向けたのを確認して、次のキューを出します。例えば、ドアノブや冷蔵庫のハンドルに括りつけたロープや灯りのスイッチなどをちらっと見て、視線を犬に戻すというものでした。すでに犬たちは種々の対象物に対して行うべき動作――ドアを開ける、灯りをつける――を学んでいたので、私がそれぞれの対象物を見たときに、どのようなスキルを実行すれば良いかを知っていました。

ゼウスが7歳のとき、私はスペインのバルセロナで開催された介助犬学会の発表者として招待されました。世界中からトレーナーが参加し、最新のアイデアや革新的方法を共有しました。ケイトは博士課程の講義を休んで私と合流し、私たちがブライアンとゼウスのために作ったコミュニケーション・システムのプレゼンテーションを手伝ってくれました。この素晴らしいチームは、言葉を使ってても使わなくても犬との間で同じようにコミュニケーションができるだけでなく、言葉を使うコミュニケーションにおいてもさらなる深みを目指せる可能性があることを、長い時間をかけて証明してきました。プレゼンテーションは好評で、私はこの情報を共有することで、言葉によるコミュニケーションが難しい世界中の人たちが、介助犬の助けを得られるようになったことをうれしく思いました。

また、ブライアンとゼウスは長年にわたり、私たちの地域社会支援プログラムでボランティア活動に参加して、特別な支援を必要とする学生たちを助けてきました。ブライアンはいくつかの高校に赴き、逆境を乗り越えて前向きな姿勢を持つことの大切さについてスピーチすることもありました。彼にはスピーチの才能があり、彼のメッセージを聞いたすべての人に素晴らしい影響を与えました。

彼とゼウスは12年以上もの間、素晴らしいパートナーであり続け、お互いの可能性を最大限に発揮できるように助け合いました。彼らは、できないことよりも、自らの意思でできることに集中する大切さと、その結果どれだけのことを達成できるのかを示す、これ以上ないお手本であり続けています。

10／ヨダ、希望の星となる

誰かの雲の中の虹になりなさい。

マヤ・アンジェロウ

私は、ハワイの歴史と共に歩み、人々に広く知られ、愛されている病院を訪れるのが楽しみになっていました。「クイーンズ・メディカル・センター」は、ハワイ諸島で伝染病が蔓延していた1859年に、ハワイの人々を治療するために、エマ王妃と夫のカメハメハ4世によって設立されました。ホノルルのダウンタウンにある20エーカー（約8万平方メートル）もの広大な敷地に芝生が青々と広がり、美しい建物と樹齢を重ねた大きな菩提樹がありました。

ロビーに足を踏み入れると、その建築美、色鮮やかな熱帯植物、部屋中に飾られた絵画の美しさに、私の感覚は圧倒されました。開け放たれた窓からはプルメリアの花の香りが漂い、部屋の隅では年配のハワイ系の紳士がウクレレを弾いていて、まるでタイムスリップしたかのような気分になりました。いつもは足早なウィルも立ち止まり、あたりを見回していました。

「何を考えているの？」上を見上げているウィルに尋ねました。

「なぜ空調にあのサイズのダクトを使ったのか、不思議だったんだ」天井の機械設備を指差しながら、ウィルが答えました。ウィルはいつも実用的なことを口にして、夢見心地の私を少しでも現実に引き戻そうとするのでした。

私たちはそれぞれ、生後10週のゴールデン・レトリーバーを腕に抱いていました。子犬たちはまだ予防接種を終えていなかったため、地面に接触するとパルボウイルスに感染する危険性があり、どこへ行くにも抱っこしなければなりませんでした。

ヨダは2頭の中では小柄でしたが、私の腕はすでに疲れていました。彼の毛並みは赤ちゃんのようにやわらかく、クリーミーな白色で、それとは対照的な漆黒の鼻と肉球を持っていました。黒いアイライナーで縁取られているような黒い目は、さらに深みを増して見えました。ヨダとヨギは、私がそれまでに出会った子犬の中でも特におとなしい子たちでした。将来、彼らがファシリティドッグとして働く姿がすでに想像できました。

ファシリティドッグの依頼は増え続けていて、私は彼らが生涯を通して、助けを必要としている数多くの人々の役に立てることに感謝していました。介助犬がひとりの人間に与える影響の深さは驚くべきものですが、ファシリティドッグが与える影響の広範さは本当に素晴らしいものです。平均して、年間1000人以上、生涯で1万人以上の患者さんに恩恵をもたらします。

私たちのファシリティドッグは、一般的な介助犬よりも物静かで、おっとりしている傾向があります。相手に気を使いすぎずに誰にでも愛情を注ぎ、見知らぬ人との交流を楽しめる犬を選んでいます。また、人の心の機微には敏感に反応しても、周囲からの影響を受けすぎないことも重要です。

クイーンズ・メディカル・センターの副院長であるポーラ・ヨシオカは、タッカーが小児病院で素晴らしい変化をもたらしていることを聞き、自分たちもファシリティドッグを申請することに興味を持ったのでした。私たちはポーラのオフィスに向かい、ＣＥＯ（最高経営責任者）や理事たちにプレゼンテーションをすることになっていました。

長い廊下を歩きながら、私はずらりと並んだエマ王妃を始めとするハワイの王族の肖像画を興味深く眺めていました。私は彼らの顔の表情や目をじっくりと見て、彼らがどんな生活を送っていたのかを想像しました。１８００年代の生活を思い浮かべ、自分がエマ王妃自身になって、彼女が深く気にかけていた患者を見舞うために、同じ廊下を歩いている姿を一瞬想像してみました。

そこで私と同じく他に気をとられていた医師とぶつかり、私は不意に現実に引き戻されました。ふとあたりを見回すと、ウィルとヨギの姿が見当たりません。ヨダにじっと見つめられながら来た道を戻ると、ウィルとヨギがエレベーターのそばで私たちを待っていました。ウィルは笑って言いました。

「間違った方向に進んでいることに、いつ気づくのかと思っていたよ。こっちの方だよ」

理事たちへプレゼンテーションを行うことを考えると、以前よりは慣れましたが、やはり緊張してきました。ヨダとヨギはまだトイレトレーニングができていなかったので、粗相をせずに終えられることを祈るばかりでした。ウィルは私よりさらに人前で話すことが苦手だったので、彼の主な役割は私の精神的サポートと子犬の世話を手伝うことでした。

彼は自分のことを私のハンドラーだと冗談交じりで呼んでいましたが、実際その通りでした。彼がいなければ、きっと私は病院にさえも到着できなかったことでしょう。彼は片腕にヨギを抱え、肩にはトートバッグを掛けていました。その中には子犬たちのための必需品と、私のノートパソコンとプロジェクターが入っていました。子犬たちを抱っこして廊下を歩いていると、すれ違う人全員の表情がぱっと明るくなるのがわかりました。

「こんにちは、ポーラ・ヨシオカとの面会に伺いました」私はポーラのアシスタント、バーバラに言いました。彼女は私たち、いえ子犬たちを見るなり、歓喜の声を上げました。

「お会いできてうれしいわ。みんなとても楽しみにしていたのよ」バーバラは言いました。

会議室に入ると、十数人の理事たちがテーブルを囲んで静かに話をしていましたが、子犬を見るやいなや、彼らは大興奮で立ち上がりました。ポーラへ挨拶すると、彼女はすぐに手を伸ばしてヨダを抱き上げ、赤ちゃん言葉で話しかけ始めました。彼女の周りには、ヨダを撫でようとする人が集まっていました。

ウィルを見ると、彼もまた、ヨギを触りたい人たちに囲まれて笑っていました。

再び、ポーラに目をやると、彼女はヨダを膝に載せて床に座っていました。ヨダはポーラが首にかけている病院の名札を楽しそうに噛んでいました。

「いやだわ、ごめんなさい」私は言いながら、ヨダに手を伸ばしました。

「大丈夫よ。誇りをもって彼の歯型を持ち歩くわ！」ポーラは笑いながら言いました。

みんなの笑い声が部屋中に響き渡り、廊下の向こうのオフィスから、何事かと入り口に人だかりができるのを、私は一歩下がって見ていました。その姿は、まるで犬に興味がない人のように見えたかもしれません。私がそう見えてしまうような状況は、滅多にないのですが。

やがて会議は床から会議テーブルに戻りました。ポーラが2頭を理事たちに誇らしげに紹介する間も、彼らはヨダとヨギに夢中な様子を隠せませんでした。次に彼女がウィルと私を紹介すると、ヨダとヨギのときとは明らかに反応が違いました。

ひとりの女性が「この子犬のうちの1頭がクイーンズの犬になるのですか？」と尋ねました。部屋は突然静まり返り、全員の視線が初めて私に向けられました。私たちを見るポーラの瞳は期待に輝いて見えました。

「この子たちは、今トレーニングに参加している数頭の子犬のうちの2頭にすぎません。彼らの進路がどうなるかはまだわからないんです」と私は答えました。

「でも……このどちらかの子が、私たちの犬になる可能性はありますか?」ポーラは質問を重ねました。

「はい、可能性はあります」私が答えると、会議室の興奮度はまた一段と高まりました。

プレゼンテーションは大成功で、会議の後、ポーラは私に、子犬たちをがんクリニックに連れていき、化学療法を受けている患者さんを訪問してくれないかと頼んできました。喜んで了解し、クリニックに向かう道すがら、ポーラは自身も前年にがんと診断され、最近、治療を終えたばかりだと話してくれました。

「がんの治療の怖さを身をもって知っているの。もしそのとき、こんな犬がいてくれたらどんなに良かったかと思うわ。だから、がん患者さんのために、この病院でファシリティドッグ・プログラムを始めたいの」

ウィルとヨギが看護師たちと廊下にいる間、ポーラと私は最初の病室に入りました。彼女がカーテンを引くと、ベッドに横たわり、皺の寄った腕に点滴を受けている年配の日系の男性が現れました。目を閉じていて、苦しそうでした。

「こんにちは、カワハラさん」ポーラがささやくと、彼は目を開き、年齢を重ねた褐色の顔に笑顔を浮かべました。

「今日は特別なお客様をお連れしました。ヨダです」ポーラが笑顔で言いました。

男性は私の腕の中の子犬を見て目を輝かせました。彼の手が届くところまで、私はヨダを抱っこしながらベッドに近づきました。

「やわらかい毛だねぇ」と言いながら彼は関節炎を患った指でヨダの頭を撫で、ビロードのような耳を優しく撫でました。

「この子が添い寝をしてもよろしいでしょうか？　この子はとても穏やかですよ」と私は言いました。ポーラはベッドに1枚シーツをかけ、私はヨダを彼の横にそっと寝かせました。カワハラさんは大喜びで、ヨダは彼にぴったりと寄り添い、すぐに眠りにつきました。

別れの時間になると、カワハラさんは「この子を連れてきてくれてありがとう。あなたのおかげでいい1日になりました」と言ってくれました。

「神のご加護がありますように。あなたが早く元気になることを祈っています」私はヨダの前脚を振りながら別れを告げ、ポーラはカーテンを戻しました。私は、ヨダがカワハラさんにとても穏やかで慎重に接していたことに感動しました。ヨダは黒く潤んだ瞳で私を見上げ、私はその瞳の奥に彼の未来を垣間見たのです。

私たちはさらに何人かの患者さんを訪ね、子犬がそれぞれの患者さんに良い影響を与えるのを目の当たりにして驚きました。子犬たちは多くの人に幸せをもたらし、すでに自らに与えられた使命を果たすべく、道を歩み始めているような気がしました。駐車場に戻ると、ウィルはヨダを私から取り上げ、肩に担ぎました。私の腕は疲れきっていましたが、胸は高鳴っていました。

翌年、私たちはヨダとヨギを連れて、地域社会へのボランティア活動の一環として、老人ホームやホームレス・シェルター、退役軍人施設、学校などへ訪問セラピーを行いました。ヨギは子どもが大好きで、とても積極的。ヨダは繊細な心の持ち主でした。ヨダはクラスメイトの中で自信満々な様子を見せることはありませんでしたが、人に対する親しみやすさと、子犬には珍しい穏やかさを持っていました。ほとんどの子犬が子どもたちの方を向いていたのに対し、ヨダはいつもクプナ（ハワイのコミュニティで尊敬されている年長者）のところに行くのを好みました。

ヨダは子犬らしからぬ厳粛な表情をしていたので、悲しんでいるのかと聞かれることもありました。

「いいえ、ヨダはいつもこうなのです。でも心の中では笑っているんです」そう言って安心してもらうのが常でした。

上級トレーニングに入ると、ヨダの仕事への意欲と姿勢は、介助犬に求められるものとは別物であることが明らかでした。ヨダはファシリティドッグとして理想的な資質をたくさん備えていましたが、病院で働くには環境に敏感すぎるのではないかと私は不安でした。そのとき、クイーンズ・メディカル・センターのがんクリニックのことを思い出しました。そこは病院の他の棟とは分かれていて、ヨダが好きそうなとても静かで穏やかな雰囲気だったのです。

私たちが初めてクイーンズ・メディカル・センターを訪れてから、ちょうど1年が経とうとしていました。その間、オアフ島で増え続ける介助犬の需要に応えるため、私たちはホノルルに新しいオフィスを開設しました。私はバーバラに連絡し、トレーニング中の犬と一緒に訪問していいか、と尋ねました。どんなに忙しい日であっても、この質問に対する彼女の答えはいつも「イエス！」でした。

私たちはポーラとがんクリニックで会う約束をしました。彼女は私のそばにいた漆黒の鼻を持つ巨大な白いゴールデン・レトリーバーを見るなり、目を輝かせました。彼は他の子犬たちと違って穏やかで、周りから尊敬を集めるような存在感がありました。

「本当に美しい子ね。新しい子？」と彼女は尋ねました。

「ヨダです。去年、子犬のときに連れてきた子ですよ」私が微笑みながら言うと、ポーラは驚いて言いました。

「あんまり大きくなったので、全然気がつかなかったわ！」彼女はしゃがんでヨダに抱きつきました。

「トレーニングは順調なの？」彼女が尋ねました。

「とっても順調！　もうすぐ終了して、卒業の準備に入りますよ」

私たちは一緒にがん病棟に入り、ヨダを見た受付の人たちの顔がパッと明るくなるのを目にしました。私たちが治療エリアに戻る前に、彼は待合室で何人かに穏やかに挨拶しました。重苦しい空気が、ヨダの存在によって一瞬にして喜びと笑いに変わったのでした。

ヨダは微笑み、大きな白い尻尾を左右にゆっくりと振りました。彼のボディランゲージから完全にリラックスしていることがわかりました。私は、彼が周囲の環境をどう感じているかを観察しました。彼は明らかに患者さんやスタッフ全員との交流を楽しんでいました。医療スタッフの多くは、子犬の頃に初めて来院したときのヨダを覚えていて、再会を喜んでくれました。

がん患者が療養する病棟では、療養や治療上の特徴から、相手の感情を読み取れる繊細さや状況の変化に動じない穏やかさが必要です。ヨダはこの病棟で働く人たちと同じ思いやりと優しさを備えていて、まるで同志のようでした。私たちは何人かの患者さんを訪ねたのですが、その多くがクプナでした。ヨダは、私に滅多に見せない笑顔を見せながらある患者さんとベッドの上で寄り添い、その患者さんが治療を受けている間、居眠りをし始めました。

訪問が終わる頃には、ここはヨダのいるべき理想の場所だという確信が私の中で芽生えていました。私たちが帰り支度をしていると、みんなが集まってきて別れを惜しみました。

「ヨダは卒業したらどうするんですか？」ある看護師の質問に、私はすぐに答えられませんでした。しかし、少しの間をおいて言いました。

「ヨダをみなさんのところでお願いしたいと思っています」

ポーラがヨダを抱きしめると、部屋はどよめきました。ヨダはみんなの興奮の意味はわからないながらも、うれしそうにしていました。

数人の病院スタッフが、ヨダのハンドラー兼世話係に立候補してくれました。その役目は、病院でのヨダと患者さんたちとの交流を円滑にし、その合間にたっぷり遊ばせ、たっぷり休ませることです。ヨダはハンドラーとなる相手と共に暮らし、家族の一員にもなります。私たちはヨダにとってベストな相手と環境を見つけるために、何度か面接を行いました。

私たちが選んだのは、20年以上、腫瘍科の看護師として働いていたパットという女性でした。彼女は自分の夫をがんで亡くしており、自身が担当する患者さんにとても献身的でした。パットは物腰がやわらかく、穏やかでしたが、静かな強さと自信に満ちていました。ヨダはきっとその気質に応えてくれるだろうと思いました。チーム・トレーニング・キャンプが終わると、彼女は仕事を開始するのが待ちきれない様子でした。

パットとヨダは受付ロビーのすぐ隣にあるオフィスを共有し、すぐに日常業務に慣れました。ヨダの最初の仕事は、患者に挨拶することと、血圧を測る間、患者のそばに座ることでした。看護師が血圧計を操作している間、ヨダは患者に寄り添い、やわらかい毛を撫でてもらいました。ヨダがそばにいることで、患者の血圧値は以前よりずっと低くなっていたので、看護師は数値が本当に正しいかどうか、測り直さなければならないときもありました。

ファシリティドッグ　ヨダとパット

1日を通して、パットとヨダは一緒に病室を回り、化学療法を受けている患者を見舞いました。ヨダは初日から、患者さんが最も必要としているときに、癒しと勇気を与えました。ヨダが最初に訪問したのは、乳がんと闘っていたグレースという30代前半の女性でした。彼女は数か月前から放射線治療と化学療法のために通院中で、治療の副作用で髪をすべて失い、吐き気に苦しんでいました。その前の週、彼女はパットに電話し、これ以上は続けられないので治療を中断することにしたと告げました。パットは翌週から仕事を始めるヨダのことを話しました。グレースは犬好きだったので、ヨダに会うためだけにもう一度病院に来ることになりました。

点滴する間、ヨダは病院のベッドに上がり、グレースの隣で穏やかに寄り添いました。彼女は彼の波打つような白い毛並みに指を通し、長いマズルとやわらかくて垂れた耳を撫でました。グレースは、ヨダの深いまなざしから彼の癒しのエネルギーを感じると言いました。治療が終わると、パットとヨダは彼女をフロントまで見送りました。受付の女性が、次の予約をとりたいかとグレースに尋ねました。

彼女は長い間をおいて、「はい、もしヨダが一緒にいてくれるなら」と答えました。それから3か月間、ヨダに会うためにグレースは通院を続け、治療を完了することができました。暗闇の中にいるようなとき、ヨダは彼女が求めていた光となってくれたと、彼女はヨダのことを褒め讃えました。

何年もの間、病院のスタッフの多くが、つらいことがあるとヨダを訪ねてくるようになりました。ヨダは人気者となり、病院は2頭目の犬を申請し、ハワイ語で「愛しい人」を意味するイポという名の美しいイエローのラブラドール・レトリーバーを迎えました。イポは整形外科と神経科の病棟で患者さんたちのために勤務しました。クイーンズ・メディカル・センターは、犬たちが患者さんに与えたポジティブな影響に感謝し、私たちのプログラムの主要な支援者となりました。同センターのスタッフは、恩返しの意味も込めて、私たちの子犬の育成に協力してくれることになりました。青いベストを着た子犬が重役室の廊下で遊んだり、重役会議中にテーブルの下でいびきをかいたりしているのが、当たり前の光景になったのです。

ヨダが8歳になったとき、私は年に一度のフォローアップのために病院を訪れました。私はパットのオフィスで、ヨダを足元で寝かせながら、病院でのヨダの影響についての話を聞きました。

「ヨダが来る前までは、色のない世界で働いていたように思います。ヨダが来てから、突然、世界がカラフルになったんです」彼女は言いました。

「ヨダは、患者さんやその家族、病院スタッフ、そして私に多くの喜びと癒しを与えてくれました。彼がいなかったら、私たちはどうしていたのかわかりません」

その後、私は彼らについて病棟へ行き、ヨダが慎重にベッドに乗って、化学療法を受けているハワイ系の老婦人の隣に寄り添うのを見ました。

「ヨダ、あなたは最高の薬よ」彼女は耳元でささやきながらヨダの頭を撫でました。「トゥトゥ（ハワイ語でおばあちゃん）はあなたのことが大好きよ」彼女の子どもたちと孫たちがモロカイ島から訪れていて、ふたりの写真を撮っていました。ヨダを連れてきてくれて、そしてトゥトゥを幸せにしてくれてありがとう、と彼らは私たちにお礼を言ってくれました。

駐車場に戻る途中、迷路のような廊下をひとりで歩きながら、ヨダは毎日、何人のトゥトゥのような人たちを助けているのだろうと考えました。初めて病院を訪れたときに見た肖像画の列を通り過ぎたとき、私は道を間違えたことに気づきました。豪華な金色に縁どられた額の中のエマ王妃の前で足を止め、ハワイの人々を助けるという彼女の使命を思い出しました。彼女の目を深く見つめると、彼女の笑顔が見えた気がしました。そして、彼女の功績を未来へと受け継いでいくことに少しでも役立てたことに感謝したのでした。

11／ポノ、正義を見いだす

闇は闇で追い払うことはできない。光だけがそれを可能にする。憎しみは憎しみで追い払うことはできない。愛だけがそれを可能にする。

マーティン・ルーサー・キング・ジュニア

私はコートハウス・ファシリティドッグ（裁判所施設犬）と呼ばれる、私たちにとっては新しい分野の仕事に就く子犬を求めて、世界中のトップ・ブリーダーに連絡していました。そのひとり、ニュージーランドのブリーダーのもとにいたのがメイジーでした。当初、譲れる子犬はいないと言われ、がっかりしましたが、のんびり屋で穏やかな性格をしている子がいるという話を聞いて、彼女の可能性に賭けてみようと思ったのです。翌月、この人懐っこい、2歳の黒いラブラドール・レトリーバーはマウイ島に到着しました。

ルールその8　犬のトレーニングは生後8週から始める

メイジーは広い額、樽型の胸、太い尻尾、そしてダブルコート（2種類の毛が混ざって生えており、水をはじきやすい）といった、この犬種の典型的な容貌をしていました。彼女はイギリス最高のショードッグの血筋の出身で、両親や祖父母のようにチャンピオンになるべくして生まれてきた犬でした。しかしこの美しい黒ラブは、ブリーダーに導かれてショーの舞台に上がろうとも、おっとりとしたマイペースをくずさず、ショードッグに求められるカリスマ性が欠けていたのです。

キャンパス内に入るとすぐに、メイジーは先輩の犬たち全員に囲まれました。頭からつま先まで徹底的に検査される間、彼女は仰向けになって尻尾を振っていました。仲間は多ければ多いほどいい、という考え方を持つ他の犬たちともすぐに馴染むことができました。

その前年、私は「コートハウス・ドッグ・ファンデーション」（訳注、コートハウス・ファシリティドッグの普及啓発や法制度整備に取り組んでいるアメリカの団体）の創設者たちがハワイを訪れた際に会っていました。この目的のために犬をトレーニングすることは、私たちの使命には含まれていなかったので、最初は躊躇しました。しかし彼らは、子どもたちが脅されて法廷で証言しない場合がよくあること、コートハウス・ファシリティドッグが子どもたちに自分の言葉でありのままを証言する勇気を与えるきっかけになることを説明してくれました。私はこのことを理事会に伝え、理事会は私たちの使命を拡大することに同意しました。ホノルル地区検察局の被害者擁護部が最初の申請者でした。

アルファベット順に名付ける方法は2周目にきていて、次は「P」の番でした。私たちはメイジーの名前をハワイ語で「本質」や「あるべき状態」を意味する「ポノ」に変更しました。自然や精神、人間関係の調和がとれている状態を意味するポノは、ハワイの文化や価値観において重要な言葉です。ハワイ初のコートハウス・ファシリティドッグにふさわしい名前だと思いました。

ポノはとても優れた気質と血統を持っていたので、私たちはポノが卒業する前に一度繁殖させ、その血統をつなぐことにしました。２月に予定していた、年に一度の大がかりな資金調達パーティーの３日前が出産予定日でした。ポノはウィルと私のもとで生活し、日に日にお腹が大きくなっていました。ウィルはゲストルームに産箱を置き、献身的で経験豊富なパピーシッターであるローリーがスタンバイしていました。

イベント当日を迎えても、子犬たちはまだ生まれてきませんでした。私がイブニングドレスを着て、ヘアメイクをしていると、私を呼ぶローリーの大きな声が聞こえました。

「モー、早く来て！」

私はドレスの裾をまくり、ゲストルームへ駆け込みました。ポノが最初の子犬を鼻で撫でているところでした。子犬は母親そっくりの美しい黒い毛並みをしていました。私はこみ上げる想いで胸が詰まりそうになりながら、ひざまずいて「私たちのオハナにようこそ！」と声をかけました。新しい紺色のブレザーをスマートに着こなしたウィルが現れ、満面の笑顔で私の隣に座りました。

「大きな男の子だね」そう言いながら、彼は私の肩に腕を回しました。

私たちは静かに座ってその瞬間を胸に刻みつつ、ポノに「いい子ね」と声をかけました。ウィルは時計に目をやり、「そろそろ出ないと遅れるよ」と言いました。

「わかったわ、あとはアクセサリーをつけるだけだから、先に車に乗っていて」私はポノと子犬のそばにいたかったけれど、イベント会場でゲストに挨拶し、短い歓迎のスピーチをするのは私の役目でした。

私たちは時間ぎりぎりにフォーシーズンズ・リゾートに到着しました。豪華なパーティー会場が、長年にわたって私たちの夢を支えてきてくれた素晴らしい人々で埋め尽くされているのを見て、私は感謝の気持ちでいっぱいになりました。私たちの最も寛大な支援者たちが集い、中にはこのイベントのために本土から飛行機で駆けつけてくれた人もいました。今日のためだけにスタッフを雇う予算はなかったので、いつものスタッフとボランティアがイベント全体を取り仕切ってくれました。

シャンデリアが煌めき、コア材の壁に囲まれた室内は自然と文化が調和して、各テーブルに置かれた南国らしいエキゾチックな装飾を引き立てていました。お祝いの場で演奏されるハワイアン・ミュージックが、人々の笑い声と楽しい会話の向こうに聞こえていました。海に目をやると、ザトウクジラの群れがゆったりと泳ぐのが見えました。ウィルが微笑みながら私の手を握りしめると、黄金色に輝く夕陽が会場全体を照らしました。すべてが完璧でした。私は携帯電話をマナーモードにして支援者たちと交流し、出席してくれた人たちにお礼を言いました。

コース料理が始まる頃、もう1頭の子犬が生まれたというメールを受け取りました。イエローの女の子が加わったのです。夜を通して会場のみなさんに最新情報を共有できたら楽しいだろうと思い、ローリーが送ってきた写真を映像担当のボランティアに転送しました。

司会のキムとガイは人気キャスターで、毎年このイベントのためにボランティアをしてくれていました。ステージのふたりが笑みをこぼすのが見えました。

「みなさん、ご注目ください」ガイの言葉に会場が静まり、みんなが前方を見ました。

手のひらに乗せられた美しいイエローの子犬の写真がステージ上の巨大スクリーンに映し出され、キムの声が続きました「女の子が生まれました！」

会場全体が拍手と歓声に包まれました。その夜、キムとガイは、ポノの出産の様子と新たな家族の誕生をリアルタイムで会場のみなさんへ報告し続けました。前菜が片付けられると、寄付を募るパートが始まりました。このときまでに、もう1頭の黒い女の子が兄妹に加わっていました。

私たちの活動資金のほとんどは、この毎年恒例のイベントで集まった募金で賄っていました。人々が様々な方法で子犬たちのスポンサーになってくれたおかげで、私たちは犬を送り出し、生涯にわたって犬たちを無償でフォローすることができました。その晩にスポンサーがついた子犬の数によって、その年にトレーニングを開始できる子犬の数が決まるのでした。そして今回も、子犬のスポンサーになりたい人がいるかどうかを尋ねる時間になると、部屋のあちこちで希望者が札を上げてくれたのです！

午後10時、イベントが終了する頃には黒のオス、イエローのメス、黒のメス2頭の計4頭の子犬が誕生していました。家に着くと、子犬たちはみんな授乳中で、ポノはとても誇らしげでした。エコー検査では6頭を確認していたので、すべての子犬がまだ生まれていないことに驚きました。

ローリーは疲れ切っていたので、交代することにしました。私はドレスを着たままで、ウィルと一緒にポノが子犬に授乳している間、ポノの隣にひざまずいて、自然の成り行きを辛抱強く待ちました。真夜中に入ると、ウィルは充血した目であくびをしながら尋ねました。

「明日、朝早くから会議があるんだ。先に寝てもいいかい？」

「もちろんよ、もうそんなにかからないはず。私も少ししたら寝るから」そう安心させると、ウィルは私におやすみのキスをしました。

その後間もなく、ポノの息遣いが荒くなり、落ち着かない様子になりました。

「どうしたの？」私は尋ねましたが、ポノは返事をせず、何かが気がかりで落ち着かない様子を見せました。何かおかしい、と感じ始めた私は救急動物病院に電話し、最後の子犬が生まれてから2時間が経過していることを説明しました。

「すぐに連れてきてください」獣医師が言いました。

「子犬はどうすればいいですか？」私は慌てて尋ねました。

「子犬も連れてきてください。瓶に熱湯を入れて、それにタオルを巻いて子犬と一緒に、小さな箱に入れるといいですよ。ここに来るまでの間、必ず暖かく保つようにしてください」

私はドレス姿で、ポノと子犬が入った箱を車に運びました。後部座席を倒し、ポノを犬用ベッドに寝かせました。車のヒーターを使うのは初めてでしたが、温度を上げ、片手で子犬たちを温めながら、もう片方の手でハンドルを握り、前方に集中して運転しました。

暗い駐車場に車を停めると、獣医師がすぐにポノを迎えに出て来てくれました。私は子犬が入った箱を中に運び、待合室で子犬を膝に乗せてベンチに座りました。4頭の小さな子犬たちは体を寄せ合い、私が暖かくなるように撫でると、小さな鳴き声を上げました。約1時間後、獣医師は私と同じぐらい疲れた様子で、私よりもっと心配そうな表情で出てきました。

「ポノは大丈夫ですが、残念ながら子犬が1頭亡くなりました」獣医師は告げました。「大きなメスの子犬が産道でつかえてしまい、残念ながら助かりませんでした。レントゲンを見ると、お腹にもう1頭、小さな子犬がいます。ポノに分娩を促す注射を打ったので、じきに生まれると思います。ただ、子犬の大きさと出産までにかかった時間を考えると、おそらく死産になるでしょう」

疲れ果てて帰宅の途につくと、時計は午前3時を回っていました。ポノは車の後部座席に置いたベッドに横たわり、子犬たちは私の横で、熱いお湯を入れ直した瓶を入れた箱の中で寝ていました。後ろで物音がしたので、頭上の灯りをつけました。ポノが落ち着かない様子で動き回っていました。

「お願い、ポノ。もうちょっと待って」私はささやきながら、高速道路の路肩に車を寄せました。

車を停め、ポノのそばに行くと、羊膜はすでに破れていて、出てきた黒い子犬をポノが必死に舐めていました。他の子犬の半分ほどしかない、生気のない子犬の小さな体が揺れ、ポノがどうにかして生き返らせようとしているのを見て、私の目に涙があふれました。

「ポノ、いい子ね。大丈夫よ、あなたは本当にいい子ね」私はささやきました。

これ以上、見ていることができず、私は目を閉じて祈りを捧げました。突然、小さな鳴き声が聞こえ、私が思わず目を見開くと、子犬の小さな体がわずかに動いていたのです。ポノがちらりと私を見ると、彼女の顔に深い安堵の表情が浮かんでいました。ポノは子犬をそっと自分のお腹に近づけましたが、子犬にはお乳を吸う力がありませんでした。私は子犬を抱き上げ、ポノの乳首をつまんで母乳が出るように促しました。子犬の口を乳首に直接つけてあげても、子犬の体は私の手の中で生気を失っていくように感じました。口は開いたままで、頭は横に垂れていました。私は頭を持ち上げ、もう一度やってみました。すると今度は口を閉じ、ゆっくりとお乳を飲み始めました。やがて子犬は乳首をくわえて頭を揺らし、小さな足を動かしていました。この瞬間、ポノと私は顔を見合わせ、大きな安堵と、この小さな存在に対する強い愛を感じたのでした。

自宅に車を停めると、夜が明け始め、オレンジ色の陽光がハレアカラ上空に広がってきていました。朝が苦手な私にとって、あまり目にしたことのない景色でした。私は新しい日の美しい夜明けと、神が祝福してくれた5つの新しい命に感謝し、失われた大切なひとつの命のために祈りを捧げました。

正午ごろに私は目を覚まし、子犬たちの様子を見に行きました。ウィルは産箱にもたれかかっていて、その表情から何かおかしいことがあったのだと察しました。

「どうしたの?」私は尋ねました。

「この小さな子の脚が変なんだ」

産箱の中をのぞき込むと、最後に生まれた子犬はひときわ小さかったのですぐに見つけることができました。左の後ろ脚を引きずりながら、子犬はポノの方へ這って行こうとしていました。

ウィルが動物病院に電話すると、その日の午後に獣医師がやって来ました。

「おそらく分娩中、この脚への血流が遮断されてしまったのかもしれません」先生は残念そうに言いました。「適切な時期が来たらすぐに切断しなければならないでしょう」

ポノは世話好きな母犬で、子犬の面倒をよく見ていました。私たち全員と同じく、彼女はこの小さな子犬を特に溺愛していました。彼はとても陽気で勇敢な子犬だったので、私たちは彼の勇気に敬意を表して「ソルジャー（兵士）」と名付けることにしました。

生後3週で脚の切断手術を受け、獣医師から包帯を固定するために綿のロンパースを着るように勧められました。片方の脚がない上に、かわいい服を着た、ひときわ小さな子犬の姿はたまらなく愛おしく、私たちみんなが魅了されました。もちろん、ソルジャーも注目を浴びて大満足でした。

2か月後、ポノの産休が終わり、コートハウス・ファシリティドッグとしてのキャリアをスタートさせるときが来ました。ホノルル検察局は、ポノにやっと会えるとのことで到着を心待ちにしてくれていました。しかし、ひとつだけ小さな問題がありました……ポノはまだ出産前の引き締まった体型に戻れていなかったのです。

アシスタントのドナと私は、キャンパス内の受付で次のミーティングについて話し合っていました。そこへポノがやって来て通り過ぎていくのを、私たちは黙って見つめていました。産後間もない彼女の乳房は床につきそうなほどふくらみ、歩くたびに大きく揺れていました。彼女が座ると、乳房が幾重にも重なり、さらに目立って見えました。

「この体型のポノをホノルルに連れていくのはやめた方が良さそうね……」私は絶望しながら言いました。「検察局での面会は数日後に迫っているのに」

「たしかに衝撃的な姿よね。特に座るとすべてが丸出しになってしまうし！」ドナは笑いながら言いました。「でも私、いいアイデアがあるかも。訪問を延期するのはちょっと待って！」

翌朝、ドナはオフィスに現れ、まるでマジシャンが帽子からハトを取り出すように、バッグから服を取り出しました。

「ジャーン！」彼女は言いました。

「それは何？」私が尋ねると、彼女は誇らしげに言いました。

「犬用の補整下着よ！　チューブトップをリメイクしたの」

彼女はポノを呼び、その服を頭からかぶせました。ポノの垂れ下がった腹部まで生地を伸ばし、胴の部分すべてを包み込むと、ポノは愛想笑いをしました。

「この上に青い介助犬用のベストを着せれば、黒い被毛になじんで、誰にも気づかれないわ」とドナが言い、私は目を疑いました。まるで魔法のように、ポノは一瞬にして出産前の体型を取り戻したように見えたのです。

その翌週、ポノと私はホノルルのダウンタウンに行き、イオラニ宮殿の前に車を停めました。その荘厳な建物はアメリカに現存する唯一の王宮で、手入れの行き届いた芝生と厳かな門に囲まれています。その風景を見て、私は過ぎ去った時代や先人たちに想いを馳せました。リリウオカラニ女王がハワイの王政転覆の際に幽閉されていた2階の窓を眺めていると、私の想像はさらに過去へと羽ばたき、窓の外を眺めながら机に向かい、回顧録を書いている女王の姿が目に浮かびました。

ポノの濡れた鼻が私の腕に当たり、私は現実に引き戻されました。私たちは通りを横切り、検察局のある高層ビルに向かいました。中に入る前に、私は周囲をソワソワと見回し、誰も見ていないかを確かめて、黒い〝補整下着〟をポノの頭からすっぽりと被せ、その上に「アシスタンス・ドッグス・オブ・ハワイ」の青いベストを着せました。急にすらりとした彼女の姿を見て、私は万事オーケーという気分になり、笑みを浮かべながら検察庁の立派な建物に入りました。

エレベーターで最上階に上がり、迷路のような廊下を通って主任検察官室に向かいました。出迎えた秘書が呼びに行き、現れた主任検察官はポノをうれしそうに見ながら、私と挨拶を交わしました。やがて数分もしないうちに、私たちはポノに会うために出てきた何十人もの検事やその他のスタッフに囲まれていました。

「これが新しいコートハウス・ファシリティドッグのポノです」主任検察官は私たちを取り囲んだ人だかりに向かって誇らしげに言いました。ポノは自分の名前を聞くと、彼に微笑みかけ、尻尾を振りました。そして座ってしまったのです。誰もが話をやめ、口をぽかんと開けてポノを見つめました。残念なことに、彼女が座ったとき、補整下着の上部分が数センチめくれて、上部ふたつのおっぱいがこれでもかというほどあらわになってしまったのです。全員の視線が私に集まり、私は凍りついたように立ち尽くしてしまいましたが、どうにか手を伸ばして彼女の下着を引き上げながら、笑ってやり過ごそうとしました。

「最近、子犬を産んだばかりで、まだ体型が戻っていないんです」私がたじろぎながら説明すると、入れ込んだばかりのおっぱいがまたひとつポロンと出てしまいました。

「ポノ、ダウン」私が懇願するように言うと、ポノは横たわり、とてもご機嫌にみんなに笑いかけました。みんなはすぐに気を取り直し、彼女の残念な衣装の乱れは見なかったことにしてくれました。

コートハウス・ファシリティドッグ　ポノとデニス

それから1か月後、ポノは新しいパートナーとなるデニスと共にチーム・トレーニング・キャンプを開始しました。被害者擁護部長を務めるデニスは、検察局に勤めて30年以上の大ベテランでした。「自分は犬派ではない」と言っていましたが、被害者を助けるためならどんなことでもすると宣言するほど、熱い心の持ち主でした。彼は、司法面接や診察、そして法廷での証言の際にも、子どもたちのために犬がいることの価値をすぐに認識したのです。

チーム・トレーニング・キャンプ中、心優しく、朗らかで人懐っこい性格のデニスとポノの間にはすぐに友情が芽生えました。彼は犬を飼ったことがなかったので、ゼロからのスタートとなりました。基本的なキューをすべて学び、それからポノと子どもたちが触れ合うための専門的なスキル、例えば「ビジット（示したところにあごを乗せて）」や「スナグル（寄り添って）」を学びました。実際の法廷での仕事を想定して、混雑した廊下を歩いたり、証言台で長い間待ったりできるように、「ダウン、ステイ（伏せて、待って）」の練習も行いました。

活動の初日から、自分の子犬たちへ向けていたポノの母性本能が、担当したケイキ（ハワイ語で子どもの意味）へと受け継がれていることは明らかでした。彼女はとても愛情深く、面接室のソファで子どもに寄り添うのが大好きでした。彼女の仕事で重要なことのひとつは、数時間に及ぶこともある司法面接の間、子どもに癒しと勇気を与えることでした。

ポノはまた、診察にも立ち会いました。裁判になると、ポノは子どもと一緒に証言台に上がり、子どもが証言している間、足元で静かに横たわりました。ポノが審理を混乱させるようなことをすれば、審理無効とされる可能性があるため、ポノの安定感と突飛な行動をしない性格は極めて重要でした。ポノは何よりも、子どもたちがありのままを語れるように手助けをしました。

ポノが子どもたちの証言の助けになることが証明され、ある未解決事件が再び捜査の対象となりました。ポノの存在が、事件の被害者の証言を助け、ついに然るべき法の裁きを下すことができると期待できたからです。

「この30年間、私が見てきた中で最悪の児童虐待です」デニスは言いました。「未だに有罪判決を得られていないことを思うと、怒りと悔しさで夜も眠れません」

12歳の少女はポノのことを聞き、もう一度だけ捜査に協力することに同意しました。彼女は里親に付き添われてやって来ました。面接中、彼らはロビーでずっと待っていました。狭く殺風景な面接室の壁の一面がマジックミラーになっていて、向こう側から刑事たちが中の様子を注意深く見ていました。少女は壁際に置かれた小さなソファに靴を脱いで座りました。彼女は深呼吸をしてポニーテールをきつく止め直しました。デニスが到着し、自分とポノを紹介しました。

「この子が一緒に座ってもいいかな？」デニスが笑顔で尋ね、ポノは少女を見上げると、ゆっくりと尻尾を振りました。少女はうなずき、小さく微笑みました。ポノは少女の目を見つめ、その奥にある悲しみと痛みを読み取りました。「ジャンプ・オン（ここに乗って）」とデニスが言うと、ポノはソファに飛び乗り、少女に寄り添って体を丸め、大きな黒い頭を少女の膝に置きました。面接担当者が入室し、静かに座りました。

「とてもかわいい子ね」少女はポノの気品のある艶やかな頭の輪郭を指でなぞりながら、ささやきました。ポノはあっという間にすやすやと眠り始めました。そのゆったりと安定した寝息と胸が穏やかに上下する様子は、部屋にいる全員の心を落ち着かせる効果がありました。少女はポノの背中を撫でながら話し始めました。約1時間後、ついに有罪判決につながる最も重要な質問がされましたが、少女は話をやめてしまいました。

「それは答えられない」かすかな声でつぶやくと、あふれた涙が少女の頬を伝い、ポノの上に落ちました。

デニスと面接担当者はこうした場で自身の感情を表に出さないスキルを備えていたので、落胆した様子は見せませんでした。然るべき法の裁きを下すために何年も待ち続けた決定的な証拠を、あと一歩のところで逃すかもしれなかったのにもかかわらず、です。

それからしばらく、少女がポノの顔を撫でるのを、彼らは静かに見ていました。やがて、彼女は顔を上げて言ったのです――「でも、この子になら話してもいい」

彼女はポノをソファに寝かせたまま、ポノと向き合うように床に座りました。彼女は面接担当者に背を向け、ポノの顔を両手で包み込みました。ポノの穏やかな瞳の奥底を見つめ、やっと信頼できる相手とめぐり逢えたことを確信しているかのようでした。少女が話し終えたとき、検察側は犯人を収監し、二度とこのような残虐行為が繰り返されないようにするために必要な情報を、すべて手に入れることができました。

「さようなら、ポノ」少女はポノの首に腕を回し、黒い毛並みに顔を埋めながらささやきました。

「ありがとう」

デニスとポノは素晴らしいチームとなり、何年にもわたって、地域社会で最も弱い立場に置かれた数多くの人々がありのままを話せるように手助けをしました。ポノはまた、同僚たちのサポートもしました。平日の午後、デニスは〝ポノのハッピーアワー〟という時間を設け、いつも忙しく、ストレスを抱えているスタッフたちがポノと遊んだり、触れ合って、リラックスできるようにしていました。

私は犯罪者を起訴するのが容易な仕事ではないという厳しい現実を目の当たりにし、私たちの安全を守るために裏方として働くすべての人々に深い尊敬の念を抱きました。デニスとポノのパートナーシップと画期的な仕事の成功は、ハワイ州すべての島にコートハウス・ファシリティドッグが配置される道を切り開きました。ポノのおかげでハワイ州は、アメリカ合衆国で初めて、すべての管轄区域にコートハウス・ファシリティドッグがいる州となったのです。

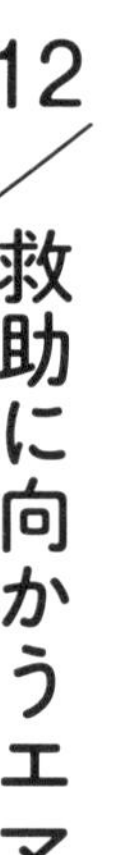

12／救助に向かうエマ

困難に耐えることで、普通の人が特別な運命に出会うこともある。

C・S・ルイス

リッチは水を愛し、水からも愛された人でした。どんな天候の日でも、完璧な波を求めて沖へ出て行き、水のある場所でいつも明るい笑顔を輝かせていました。サーフィンやカヤックを楽しみ、テニスの国際大会に出場するほどの腕前を持ち、リッチは充実した活動的な人生を送っていました。彼は地元でも広く知られていて、公園緑地管理局で障害者がアウトドアを楽しむためのサポートをしていました。勇気とポジティブな考え方で人生を楽しんで生きられるように、彼は周囲の人々を励まし、勇気づけてきました。リッチは困難を克服することについて語るだけではなく、それを自ら実践する人でした。リッチは自らもまた、事故によって下半身の自由を失っていたのです。

それはリッチが14歳のとき、妹や友だちと一緒に学校から歩いて家に帰る途中に起こりました。酒気帯び運転の車が道をそれて3人に突っ込んできたのです。リッチは一命を取り留めましたが、事故の後遺症で腰から下が麻痺してしまいました。さらに悲惨なことに、一緒にいた妹と友だちがこの事故で亡くなってしまったのです。リッチは入院中、残りの人生を被害者として生きるまいと決心しました。神の力を借り、彼は事故を起こした車の運転手を赦しました。永遠に失ってしまった大切な人々のためにも、彼は自分の人生を精一杯生きよう、そして周囲の人に対しても、たとえ障害があったとしても、自分自身の意思で自由に生きられるように、できるだけの手助けをしようと心に決めたのです。

リッチは車椅子スポーツのトップアスリートとなり、車椅子テニスのトーナメントに出場するために数年間、世界中を旅しました。その後、自宅のあるホノルルに戻り、「アクセスサーフ」というNPOの立ち上げに貢献しました。彼が目指したのは、障害のある人たちに、海とウォータースポーツを楽しんでもらうことでした。

リッチはある日、介助犬についてもっと知りたい、と私たちのオフィスに電話をかけてきました。「僕はこれまでずっと、かなりアクティブに生きてきました」彼は言いました。「介助犬を迎えることは前から考えていたのですが、犬がいることで生活のペースが下がりそうで心配です。僕についてこられる犬が必要なのです」

私は微笑みながら、部屋の向こうにいた大きなイエローのラブラドール・レトリーバーを見ました。エマは何かを察したようで、熱心に尻尾で床をトントンと叩いていました。

「リッチ、あなたにぴったりな犬がいるわ」私は答えました。

エマは幸せいっぱいで自信にあふれた犬で、他の犬よりひときわエネルギッシュでした。彼女はとても仕事に対する意識が高い犬でしたが、最大の魅力は仕事に向ける熱意でした。彼女は誰かを喜ばせることが大好きで、私が求めることには何でも挑戦したがりました。いつでも活動をスタートする準備はできていたのですが、介助犬の順番待ちリストに彼女にふさわしいアクティブな人がいなかったのです……今、この瞬間まで！

次のチーム・トレーニング・キャンプが間近に迫っており、エマはリッチのアクティブなライフスタイルに対応できる理想的な相手かもしれないと思いました。リッチの申請書の審査を大急ぎで行うと、私が予想していた通りだとわかりました。ふたりは最高の組み合わせだったのです！

念のため、エマをリッチに会わせて、最終的な決断を下す前にふたりの関係を確かめようと思いました。犬は表情やボディランゲージで、出会った人への気持ちをはっきりと伝えてくれます。

私はリッチの自宅で面接を行う前に、彼とカハラ・モールのオーガニック系のカフェで会う約束をしました。リッチとランチを食べながら、彼のことをもう少しよく知りたいと思ったのです。

私とエマはすぐにリッチを見つけることができました。外のテーブルにひとりで座っていた彼は、私たちを見つけると手を振り、満面の笑みを浮かべました。近づいていくと、エマはまるで久しぶりに旧友に会ったかのように、彼の方へ走り寄っていきました。そして私が止める間もなく、エマは彼の膝に前足を置き、リッチの顔にキスをしました。私は、リッチが彼女の熱烈な挨拶を楽しんでいるのを見て安心しました。彼はうれしそうに笑い、エマを抱きしめました。お互いにひとめぼれしたことは一目瞭然でした。

ランチの間中、ふたりは笑顔を絶やすことなく、片時も目を離すことがありませんでした。私は自分が邪魔者のような気分になり、エマをその場で引き渡して帰ろうかと思ったほどでしたが、気を取り直して、リッチとの面接のために彼の家へと向かいました。険しい海岸線に沿って車を走らせると、ハワイカイの緑豊かな渓谷の先に彼の家はありました。

リッチは車椅子のままスロープを上がり、私たちのためにドアを開けてくれました。リッチの自宅は素敵な平屋で、車椅子用にリフォームされていました。いかにもクールなサーファーが住む家といった感じで、リビングルームの壁には木製のサーフボードがかけられ、部屋の隅にはギターが置いてありました。エマはキッチンテーブルの下で、彼の車椅子のフットレストに頭を乗せて寝始めました。私はどんなときに、どんなことを犬にしてほしいのか、具体的な希望を尋ねました。

「僕はひとり暮らしだから、物を落とすと床から拾うのが大変なんだ」彼は言いました。「ベッドで寝ているとき、車椅子が動いてしまって手が届かないこともある」私はメモをとりながら聞き続けました。「ドアの開け閉め、灯りをつけたり消したり、冷蔵庫から飲み物を取り出したりするのも手伝ってほしい。家周りのことを手伝ってくれるエマのような犬がいてくれたら最高だと思う」

リッチの脊髄損傷は脊椎下部だったため、手動の車椅子を使うことができました。しかし、長年車椅子を漕いできたため、肩に過度の負担がかかり、手術が必要になっていて、長距離を移動するときに車椅子を引っ張る手助けができる犬を求めていました。

「毎日ビーチに行って、海に入るのが好きなんだ」彼は言いました。「水辺に下りるのは大丈夫だけど、いったん海から上がって車椅子を引っ張りながら坂を上るのが大変で。犬は砂浜から駐車場まで車椅子を引っ張るのを助けてくれるかな？」

私は答える前に少し考えました。「タグ（引っ張って）」は、エマがあまり得意でない唯一のスキルでした。彼女は高い運動能力を備えていましたが、引っ張る力はあまり強くないので、引き出しを開けるのもやっとだったのです。しかし、トレーニングの最終段階で、それぞれの犬の最も苦手な分野をむしろ得意な分野へ変えることが、私はいつも楽しみでした。

「そうね。できるようになると思うわ」私は答えました。リッチはタグ用ロープを車椅子に固定できる場所を教えてくれました。ウィルがこれをキャンパスで再現できるように私は写真を撮りました。私はマウイに戻り、エマにこの新しいスキルを教えるのが待ちきれませんでした。

リッチは彼のプールでエマを泳がせてもいいかと尋ね、私がイエスと答えると大喜びしました。キッチンの引き戸を開けると、小さなラナイと庭の大部分を占めるプールにつながっていました。

その日は蒸し暑い午後でした。私もエマと一緒にプールに入りたかったのですが、水着を持ってきていませんでした。リッチはプールの真ん中に向けてテニスボールを投げ、エマがそれを追いかけてジャンプし、空中でキャッチしました。その様子を見てリッチは大声で笑いました。彼の青い目はきらきらと輝き、エマの泳ぐ姿を見て表情がとても明るくなりました。リッチと一緒にいるエマはとてもくつろいだ様子で、帰る時間になってもなかなか帰りたがりませんでした。帰りの車の中でも、エマは後ろの窓から、私たちへ手を振るリッチをいつまでも見ていました。

マウイ島に戻ると、私はキャンパスで、エマと一緒に手動車椅子を引っ張る方法を練習しました。彼女はすぐに、速く引いたり遅く引いたり、左右に引いたり、キューを受けたら止まることを覚えました。

週末にウィルと私は家の近くのビーチでエマをトレーニングしました。深い砂の上で車椅子を引っ張るのは難しかったので、まずは傾斜のない芝生の上で車椅子を引く方法を教えました。エマはテニスボールが大好きだったので、ボディーボードのリーシュコード（訳注、人の足とボードをつなげるコード）についているマジックテープにテニスボールを取り付け、そのテニスボールをエマがくわえてボードを引っ張るかたちにしました。次に、少しだけ上り坂になっている芝生の上で車椅子を引っ張れるように練習し、それからビーチに移動しました。まずは砂地が固くなっていて、車輪が動きやすい水辺で車椅子を引きました。その後、自分の体重をかけて引っ張らなければならない、やわらかい砂の上でもできるようになりました。最後の段階ではやわらかい砂の上り坂を、車椅子を引いて上ることに挑戦しました。エマは力を振

介助犬エマとリッチ

り絞らなければなりませんでしたが、このスキルをとても気に入っていました。なぜなら、浜辺にいた人たちがみんな、エマを応援してくれたからです。ちょっと目立ちたがり屋だったエマには悪くない気分だったのです。

リッチは、万が一海に出て助けが必要になったときのために、水難救助をエマに教えてもらえないかと私に頼みました。ウィルはリッチがつかまることのできる取っ手のついたライフジャケットをエマに着させて、すぐそばで一緒に泳ぐことを教えました。ふたりが泳いでいるとき、ウィルは緊急事態だと知らせるための「ゴー・トゥ・ショア（海岸に行って）！」をエマに言いました。同時に私は浜辺からエマを呼び、ハンドルにつかまっているウィルをエマが岸まで曳航しました。すぐにエマはウィルの出したキューだけで、その動作ができるようになりました。

　また、サーフボードやカヤックに乗った人を救助するために、ストラップを口にくわえて岸まで曳航することも教えました。私は浜辺からショアブレイク(海岸近くで崩れる波)を過ぎたあたりまで行ってボードの上に座り、腕を振りながら「エマ、ヘルプ（助けて）！」と大きな声で言いました。ウィルがエマを放すと、彼女はすぐに波打ち際を突進し、私のところまで泳いできて、ストラップを口でつかみました。そして私がボードに横たわって「ゴー・トゥ・ショア」と言うと、彼女は私を岸まで曳航してくれました。海水浴客はエマを応援してくれるので、このスキルはすぐにエマのお気に入りになりました。

　ある朝、ウィルと私はエマと一緒に水辺に立ち、友人と話していました。すぐ沖で小さなビキニ姿の女性がパドルボードの上でヨガをしていました。彼女のポーズのひとつに、両腕を頭上に伸ばすものがありました。残念ながら、これは助けを求める合図に少し似ていたのです。エマは女性を助けに行くため、全速力で海に飛び込みました。私もほぼ同じスピードで走り、彼女のすぐ後を追って海に飛び込みましたが、エマの方がはるかに泳ぎは速く、追いつけませんでした。

　エマが水面に浮いていたパドルボードのストラップをつかみ、パドルボードごと女性を岸まで曳航し始めたのを、私は青くなりながら見ていました。無防備なその女性はヨガの〝下向きの犬のポーズ〟をしていて、ボードが動いていることにまだ気づいていませんでした。私は「エマ、ドロップ・イット（それを放して）」と、できるだけ毅然とした口調で呼びかけたのですが、エマは固い決意でその崇高な使命を全うしようとしていました。岸に近づいたあたりで、波がその女性をボードから落としてしまいました。エマはストラップを口から離し、非常に満足そうに岸に戻りました。私はその女性に深く謝罪し、彼女がこの状況を笑って許してくれることを願いましたが、そうはいきませんでした……しかし、ビーチにいた人々はエマのひたむきな努力を理解し、あたたかな視線を送ってくれました。

リッチはマウイ島でのチーム・トレーニング・キャンプに、同じく介助犬を受け入れることになっていたふたりの男性と共に参加しました。ひとりは多発性硬化症、もうひとりは筋萎縮性側索硬化症（ALS）と闘っていました。最初の1週間はキャンパス内や町のショッピングモールで練習しました。2週目のトレーニングはオアフ島で行われ、エマのスキルを自宅や公共の場で練習しました。エマはリッチを車椅子に乗せて引っ張るのが大好きで、特にリッチのお母さんが働いているコストコで引っ張るのがお気に入りでした。リッチもエマも、広い通路を一緒に軽快に移動しながら満面の笑みを浮かべていました。

最初のフォローアップ訪問のとき、リッチはエマがどこへ行くにも一緒についてきて、いつも熱心に手伝ってくれると話してくれました。ふたりは毎日ビーチに行くのが好きで、エマのお気に入りはリッチと一緒にカヤックをすることでした。彼女は鮮やかなオレンジ色のライフジャケットを身につけ、リッチはその取っ手をつかんでエマを2人乗りのカヤックに引き上げました。リッチがカヤックの後方で漕いでいるあいだ、エマは誇らしげに前方に座り、ときどき身を乗り出して魚を眺めたりしました。

エマはリッチの車椅子を水辺から砂地を横切って駐車場まで引っ張るプロフェッショナルになりました。ふたりは「アシスタンス・ドッグス・オブ・ハワイ」のコマーシャルに登場し、リッチは今でも時々、一緒にいるエマについて、人から「あのコマーシャルの犬ですか」と尋ねられるそうです。

私たちはしばしば、私たちのオハナが一緒に楽しい時間を過ごせるよう、卒業生の同窓会を開きます。犬も人間も旧友と再会するのは心温まるものです。かつてクラスメイトだった犬たちは、再会するたびにとても喜んで一緒に遊びます。

この同窓会をリッチが自宅で開いてくれて、オアフ島に住む卒業生チーム全員が参加しました。プールパーティーでは、どの犬が一番遠くに飛び込めるか、一番速く泳げるかを競う様々な競技を催し、勝った犬のための賞品も用意しました。犬たちを2チームに分けて競うリレーもしました。それぞれの犬がプールを一往復泳いでから、次の順番の犬がプールに飛び込むというものです。リレーでは、犬たちは夢中になりすぎる傾向がありました。自分の順番を待っている犬たちは、前の犬が戻ってくる前に飛び込んでしまいがちで、失格や大混乱が頻発しました。エマはとても負けず嫌いで、特に一番遠くへジャンプする競技になると、その強さを発揮しました。私たちは毎年、エマがいつも接戦となるポノに勝ってタイトルを防衛する姿を見るのを楽しみにしていました。

リッチはエマを迎える前からすでに自立していましたが、エマのおかげで、ひとりでいたときよりもずっと暮らしやすくなり、限りなく幸せになったと話してくれました。

「エマは僕のあらゆる考え、動き、感情をいつでも理解してくれる」リッチは私がフォローアップで訪問した際に言いました。「忘れ物をしたり、何かを落としたり、とてつもなくつらい1日だったときでも、彼女はすぐそばにいて助けてくれる。彼女は間違いなく僕の親友です」

ある年のプールパーティーのゲストの中に、新しく卒業したばかりのケイティとエンジェルというファシリティドッグのチームがいました。ケイティはリハビリ専門病院でエンジェルと一緒に働く素敵なレクリエーション療法士で、キャメロンという息子がいました。エマとエンジェルはとても気が合ったので、リッチはケイティに、別の日にもエンジェルを遊びに連れてくるように誘いました。間もなく、仲良しなのは犬たちだけではなくなりました。リッチとケイティは恋に落ち、やがて結婚しました。エマとエンジェルは仲の良い姉妹となり、毎日一緒に遊べるようになりました。2年後、彼らの家族は新たな命を迎えました。キャメロンにも一緒に遊べる妹ができたのです！

13／ベイリー、日本へ行く

私たちは、大きなことはできません。小さなことを大きな愛をもって行うだけです。
マザー・テレサ

雪のような白い毛と、炭のように真っ黒な鼻をした2頭の子犬がクレートから転がり出てきました。その姿はまるでふわふわのシロクマの子どものようでした。メルボルンのブリーダーのもとからやって来たベイリーと妹のベラは生後10週でした。そのブリーダーはチャンピオンのクリーム・イングリッシュ・ゴールデン・レトリーバーを輩出し、世界的にもその名を知られていました。ベイリーは妹よりもずっと体格が良く、幅広の額と大きな前脚をしていました。黒く輝く瞳からは、優しく穏やかな心がみてとれました。

「私、恋に落ちたみたい」

ベイリーを抱き上げると、パピーレイザーのひとりであるシャロンが言いました。ベイリーはシャロンを見上げると、「僕もだよ！」と言わんばかりに微笑みながら尻尾を振りました。その年の初め、シャロンの息子のスコットは学校の課外活動の一環として、私たちのキャンパスでボランティアに参加しました。その経験から、パピーレイザーとして自宅で子犬の飼育にも挑戦することになっていたのです。当初、前向きではなかったシャロンの夫のロンも話し合いの末、同意してくれました。シャロンが車の荷台にクレートを積み、ベイリーをスコットの膝の上に乗せて家路につきました。家で待っていたロンもまた、あっという間にベイリーに恋をしたのはいうまでもありません。

ベイリーは当初から、クローン病と診断されたばかりの12歳のスコットと特別な絆で結ばれていました。スコットが痛みに苦しんでいるときはいつもベイリーが寄り添っていました。ベイリーのあたたかな体が湯たんぽのようにスコットの心を温め、スコットの頬を伝う涙をベイリーが舐めてくれました。シャロンとロンは、ベイリーがスコットの様子を察して静かに寄り添う姿に驚きと感銘を受けていました。ベイリーはまだ子犬で、今後の進路を決めるには早すぎました。しかし、ベイリーがファシリティドッグとして理想的な気質を備えており、将来が有望であることに気づかずにはいられませんでした。

生後5か月のある日、けいれんの発作を起こしたベイリーを私たちは獣医師のところへ運びました。病院へ着く頃には発作はおさまっており、獣医師の説明では、成長の途中にこうした発作が起きることがあるが、一度きりというケースもある、とのことでした。しかし残念ながら、1週間後に再び、ベイリーが発作を起こした、とシャロンが連絡してきました。彼はてんかんと診断され、てんかん治療薬を飲み続けることが必要だろうと言われました。ベイリーは薬の副作用でぼんやりとし、その瞳から生来持っていた輝きを失ったように見えました。

介助犬やファシリティドッグは健康全般の厳しいスクリーニングに合格しなければならず、健康上の問題があってはならないので、私たちはベイリーをプログラムから外すことにしました。最終的にファシリティドッグの道を選ばないことになったとしても、ベイリーが幸せな一生を送れるように、経過を見ながら検討する時間を持つことにしたのです。今後について決めるのは少し先にしようと、ボランティアで小児科医のジェニファーにベイリーを預けました。

ベイリーが1歳になったばかりの頃、ジェニファーが電話で彼の様子を知らせてくれました。彼女は、人間の場合、子どもは脳が発達する過程で発作を起こすことがあるけれど、一過性のものであれば、その後は発作を起こさないケースがあると説明してくれました。

そして彼女は、ベイリーの発作が起きない時期が続いた後、よく観察しながら薬を少しずつ減らしていき、今は飲んでいないけれど、その後も発作は起きていないとのことでした。

「素晴らしいニュースだわ！　彼が元気で安心したわ」私は大きな安堵を感じながら言いました。

「週に2、3日、私の病院に彼を連れていくんだけど、彼は私の患者さんたちにとてもよくしてくれるのよ」間をおいて、彼女は続けました。「彼はとても素晴らしい犬なので、ファシリティドッグとしてフルタイムで働けると思うの。もっと多くの子どもたちを助けられるように、この子をあなたにお返しした方がいいと思うんだけど、どうかしら？」

「ジェニファー、本当にいいの？」

「ええ、彼がいなくなるのは寂しいけれど、彼はそうするために生まれてきたのだと思うから」

彼女の自分のことよりも、助けるべき存在を思いやる心に深く感動しました。このように、多くの人々が犬たちのために尽力し、人々を助けてくれています。彼らのことを思うと、私は心優しく、たくましいヒーローのような人たちに囲まれている気分になるのでした。ボランティアの人たちは、いつか子犬を手放すとわかっていながら、子犬を自分の大切な家と心の中へ迎え入れてくれます。スポンサーたちは費用面で支援してくれることで、私たちが犬を必要とする人々へ譲渡し、生涯にわたるフォローアップを無償で提供できるようにしてくれています。その他にも数えきれないほどのボランティア、寄付者、スタッフから理事に至るまで、多くの人たちが誰かのためになろうと、惜しみなく力を注いでくれています。子どもをひとり育てるには村全体の協力が必要だといわれますが、1頭の介助犬やファシリティドッグを育てるにも村全体の協力が必要なのです。

ベイリーがキャンパスに戻ってくると、クラスメイトたちは旧友を大歓迎しました。ベイリーはこの犬種を完璧に体現した、長く白い毛並みの美しく堂々とした姿に成長していました。彼はすぐに授業に追いつき、ファシリティドッグのための上級トレーニングに参加しました。ベイリーが一番好きなスキルは「スナグル（寄り添って）」で、誰かの隣に慎重に横たわり、その大きな頭をそっと相手の体の上に乗せるというものです。大きな体をしているにもかかわらず、ベイリーは体のコントロールが得意で、ギプスや包帯、点滴チューブなど患者の周りにあるものに注意を払いながら行動するという、ファシリティドッグとして必須のスキルをすでに備えていました。ベイリーはいつでも卒業できる状態でしたが、タイミングが悪く、彼を待っている病院はなかったのです。私はベイリーをどこに配属しようかと考えながら、来るべきときを待っていました。

それを打ち破ったのは、日本にいるキンバリ・フォーサイス（訳注、245ページ「すべてを変えた日本初のファシリティドッグ」参照）という女性から届いたメールでした。彼女は白血病治療の合併症で2歳の誕生日を前にして亡くなった息子タイラーを偲んで、最近、夫と一緒にNPO法人「タイラー基金（シャイン・オン・キッズの前身）」を立ち上げたばかりでした。生後1か月で白血病と診断されたタイラーは、生涯のほとんどを病院で過ごしました。

日本では重病の子どもにかかる医療費のほとんどが公的資金でまかなわれている、と彼女は説明しました。彼女はタイラーが受けた治療やケアにとても感謝していましたが、長い時間を病院で過ごす子どもたちのために何かできることはないか、と考えていました。自分と同じような経験をしている人たちを助けたい、と。

キム（キンバリの愛称）の団体、NPO法人「シャイン・オン・キッズ」は、医療上の困難を抱えている日本の子どもたちとその家族を支援しようとしていました。アメリカにはこのような団体がたくさんありますが、日本にはこのようなかたちで家族を支える団体はあまり多くはありませんでした。

キムは小児医療への支援について調べる中で、タッカーがオアフ島にある「カピオラニ・メディカル・センター」で患者にポジティブな影響をもたらしていることを聞き、このプログラムについてもっと知るためにオアフ島を訪れました。タッカーに会い、彼がどれほど子どもたちを癒しているかという素晴らしい実績を聞いて、彼女は日本でも同じようなプログラムを始めようと決意しました。

私は彼女の情熱に心を打たれ、ぜひ協力したいと思いましたが、私たちのミッション・ステートメント（行動指針）では「ハワイ州内にしか犬を譲渡しない」と決めていました。私は彼女に、残念ながら私たちの犬は譲渡できないことを伝え、国内外のプログラムの連絡先を教えました。しかし2日後に再び、彼女から電話があり、他のプログラムではファシリティドッグをトレーニングしておらず、どうしても私たちの犬を譲ってほしい、と言われたのです。

断る理由はたくさんありました。国際的に犬を譲渡するための手続きは複雑でした。それだけでなく、私たちがハワイ以外の地域まで事業を拡大すれば、一部の支援者からの支援を失い、長い目で見れば助けられる人の数が減ってしまうかもしれないという懸念もありました。

しかし、私が心がけているルールのひとつは、悪い結果を怖れるあまり、良い行いをためらってはならない、というものでした。私は、1頭の犬を譲渡することで、何千人もの病気の子どもたちを助けられるという可能性、そして日本やアジア全域でより多くのファシリティドッグへの扉が開かれる未来を思い描きました。どうして「ノー」と言えるでしょうか。

私たちの最大の支援者として、当初から私たちのビジョンに共感してくれていた親友のメアリーに、日本に犬を譲渡することについての意見を求めました。

「いいと思うわ」彼女はいつものように現実的な態度で答えました。「犬が小児がんと闘う子どもたちを助けることができるなら、どこに住んでいようと関係ないでしょう」

私は彼女を抱きしめ、私の決断を後押ししてくれたことに感謝しました。理事会は、私たちの使命を拡大し、場合によってはハワイ以外への譲渡を認めることに同意してくれました。

ルールその9　ハワイでのみ犬をトレーニングする

私はキムに電話して朗報を伝え、彼女はその日のうちに申請書を提出しました。ベイリーの受け入れ先として、キムは静岡県立こども病院を希望していました。彼女によると、小児病院は感染症対策が非常に厳しいということでした。小児がんと診断されると、子どもたちは数か月から年単位の治療の間、入院したままになる場合が多いのですが、入院期間中も親はマスクをすれば面会できる一方で、幼いきょうだいは面会が許可されていないのです。

「本当に犬を病院に入れることが許可されるの?」私は尋ねました。

「院長や理事会と打ち合わせをしていて、もうすぐ許可が下りるはず」彼女は答えました。キムは「ノー」

と言いにくい人物であることを私は身をもって知っていました。彼女の楽観主義と決断力によって、病院側が提示する様々なハードルを乗り越えられることに期待しました。

ベイリーのトレーニングに備えて、マウイ島在住の日本人の方に90のキューを英語から日本語に翻訳してもらいました。運よく、私は大学で1年間、日本語を勉強していたので、基本的な日本語とその発音を理解していました。もっとも、ベイリーは私よりもっと早く日本語の単語を覚えてしまいました。

毎日のトレーニングの前に、私は日本語のキューを腕に書き、立ち止まってリストを見ることでベイリーを待たせないようにしました。

「イキマショウ（レッツゴー）」と言って歩き始め、「オスワリ（シット）」と言って止まりました。犬は言語を聞き取るのではなく、音を聞くのです。また、私たちが言う実際の言葉よりも、口調に反応します。ベイリーはすぐに日本語の90のキューをすべて覚え、私たちの最初のバイリンガル犬になりました（もちろん、ハンドシグナルを理解したゼウスを除いてですが！）。

オアフ島でのベイリーのトレーニングを終え、私たちはタッカーのいる小児病院にベイリーを連れていきました。ベイリーにタッカーの「シャドーイング」をさせるためです。犬の学びにおいて最も効果的な方法のひとつは、お互いを観察することです。ベイリーはタッカーという、最も優秀なファシリティドッグから教わることができたのでした。

ファシリティドッグ・チームにふさわしい人物を選ぶことは、ふさわしい犬を選ぶことと同じくらい重要です。キムはベイリーのハンドラーを小児科の看護師にすることに決めました。ハンドラーは直接、看護業務には携わりませんが、これまでの経験は患者のサポートや交流、スタッフとのコミュニケーションに役立つことでしょう。

キムはベイリーに理想的なハンドラーを見つけるため、何人かの小児科看護師と面接し、最終的に選ばれたのは20代後半の感じの良い小児科看護師、ユウコでした（訳注、２４８ページ「人の気持ちに寄り添う犬、ベイリーに感謝を」参照）。シャイン・オン・キッズの事業計画によって、世界に先駆けて、給与を受けてフルタイム勤務するファシリティドッグ・ハンドラーが日本に誕生したのです。

しばらくして、ユウコは理事長のキムと共に、チーム・トレーニング・キャンプのためにマウイ島にやって来ました。すぐに、彼女が礼儀正しく、プロ意識があり、私が知っている小児病院で働く他の人々と同じく、とても思いやりのある女性だとわかりました。彼女は非常に意欲的で、仕事を始めるのを楽しみにしていました。

私は、ユウコなら子どもたちとうまく接することができるだけでなく、日本初の「ファシリティドッグ・プログラム」の啓発と実践を並行する開拓者になってくれると確信しました。そして何より、彼女とベイリーの相性がぴったりだと直感したのです。

実際、ユウコとベイリーはすぐに意気投合したようで安心しました。チーム・トレーニング・キャンプ前にパートナー同士の顔合わせをしなかったのは今回が初めてでしたが、不安は杞憂に終わりました。トレーニングの合間には、彼女がベイリーを優しく撫でたり、話しかけたりして、ベイリーがとても喜んでいる様子を見かけました。

マウイ・キャンパスでのトレーニングの最初の1週間を終えると、オアフ島へ移動し、「カピオラニ・メディカル・センター」でファシリティドッグのタッカーと彼のハンドラーであるウェンディ（訳注、「16／タッカー、目的を果たす」参照）と一緒に数日間練習をしました。

日本に犬を輸入する際には厳しい検疫があり、許可が下りるまでに多くの複雑な手続きが必要でした。

しかし、キムはこうと決めたことは必ず実現させる女性で、私は再び、彼女の「やればできる」という姿勢に感動しました。ベイリーとユウコは日本でプログラム開始への準備を進め、私は半年後にフォローアップのために訪問することになりました。

ホノルル空港の国際線ゲートでユウコとベイリーを降ろしました。彼らが去っていくのを見送りながら、犬は飛行機をどう感じているのだろうと考えました。見慣れた場所で飛行機に乗りこみ、数時間後に降り立つと、そこにはまったく違う世界が広がっているのですから。においも音も景色も違い、人も動物も植物もすべて違っている。犬には飛行機が移動をする乗り物であるという概念はなく、まるでハリー・ポッターの小説に出てくる駅のように、魔法で見知らぬ新世界に導かれるような感覚なのではと想像しました。

私の想像は警備員の声で中断されました。「車を移動してください」最後にもう一度ユウコとベイリーに手を振ると、私は車に飛び乗って帰路につきました。

静岡県立こども病院でのフォローアップに向かうまでに、やらねばならない仕事が山のようにありました。まだ、犬を病院に入れることに難色を示す医療関係者もいるため、ファシリティドッグ・プログラムに関するプレゼンテーションをするよう、キムから依頼されていたのです。私は説得力のあるプレゼンをしたかったので、がんやその他の病気の患者にベイリーがもたらしうる効果について、集められる限りの根拠に基づく研究を盛り込みました。

あっという間に半年が経ち、日本へ向かう日がやって来ました。私が外国へひとりで行くことを心配していたウィルは、空港まで送る道すがら、いくつもの質問を投げかけてきました。

「搭乗券はちゃんと持った?」

「うん」

「パスポートは？」

「ここにある」

「携帯電話の充電は？」

「ばっちり！」

「通訳の連絡先は？」

「もう携帯に入れた！」

「リュックサックを忘れないで」

「心配しないで、大丈夫よ！」

「オーケー」ようやく彼は笑顔になりました。

「君のために祈っているよ」

ウィルに「行ってきます」のキスをして、私は国際線の搭乗口へ向かいました。

12時間後、私は成田空港で飛行機を降りました。今まで見たこともない人混みと慌ただしさでしたが、誰もがとても礼儀正しく、私はすっかり安心しました。迎えてくれた通訳の女性の後を子犬のようについてまわり、いくつかの電車を乗り継いで、暗くなる少し前に静岡に到着しました。簡単な食事をしましたが、疲れ果てていた私は何を食べたのか、わからないほどでした。ようやくホテルの部屋に入ると、ベッドに倒れ込んでしまいました。

翌朝、目覚ましの音で起きると、早朝のプレゼンのために病院へ向かいました。キムは講堂で私たちを出迎え、開始前に何人かの医療スタッフを紹介してくれました。その表情から、このプロジェクトに前向きではない方もいることが伝わりました。

人前で話すことには何年もかけて慣れてきていましたが、私の想いを深く理解してもらえるだろうか、と考えると緊張が高まってきました。ただ、通訳の女性が、会場にいる200人のスタッフはみんな、私の緊張に気づくことはないだろう、と言ったので、少し気が楽になりました。

私はドキドキしながらマイクに近づき、「おはようございます。呼んでくださってありがとう」と日本語で挨拶をした後、英語に切り替えました。プレゼンは約1時間かかり、私が話している間の聴衆の反応を判断するのは難しかったのですが、最後にはみんな、笑顔で盛大な拍手を贈ってくれました。私の想いが多くの人へ届いたことは、会場中の笑顔から窺うことができました。

さらに、続いて行われた院長のスピーチで大きな進展が発表されたのです。それまで月、水、金のみだったベイリーの勤務を「7月から平日、毎日の勤務に変更します」という言葉に、会場中から拍手と歓声が湧き上がりました。ベイリーの仕事ぶりと、「もっと会いたい」と願う子どもたちの声や病院スタッフの協力が後押しになったと聞いて、胸が熱くなりました。

ただキムによると、ベイリーはまだ病室に入ることを許可されておらず、面談室や廊下でしか子どもたちと触れ合うことができない病棟も多い、とのことでした。そのため、ベイリーがやって来る時間になると、ベイリーに会いたい子どもたちのために、彼らの親がベッドを移動して来るので、廊下が混雑するのだそうです。ベイリーの活動が制限されている現状に、今までの苦労と専門的なトレーニングをしたことが実を結ぶ日が来るだろうか、と私は考え込んでしまいました。

翌朝早く、病院に到着すると、ロビーの壁には見覚えのある顔が写った写真が飾られていて驚きました。ベイリーが子犬だった頃の写真だけでなく、ベイリーを育ててくれたロン、シャロン、スコットの写真も

ファシリティドッグ　ベイリーと患者
Courtesy of Shine On! Kids

あったのです。

　私はベイリー、ユウコと一緒に面談室へ向かいました。そこで会ったのは、リクライニング車椅子に座っている男の子と母親らしき女性でした。彼の全身はこわばり、目を閉じていて表情を窺うことはできませんでした。その女性の名前はヒサミで、息子の名前はヤマトでした。

　私はユウコの方を向いて言いました。

「ベイリーがヤマトの近くに行ってもいいか、聞いてくれる？」

　ヒサミは喜んでうなずきました。

「ジャンプ・オン（飛び乗って）」ユウコが言うと、車椅子の横に置いた椅子にベイリーが飛び乗りました。続けて、「ビジット（あごを乗せて）」の合図で、ベイリーはあごを車椅子の肘掛けに乗せました。

　ヒサミがヤマトの握った拳を持ち上げて、ベイリーの頭の上に乗せました。そのまま耳の上に手を誘導すると、驚くべきことが起きたのです。ヤマトの顔が少しずつリラックスし始めたのがわかりました。やがて全身が緩み始め、表情が穏やかになっていきました。ユウコと話しているヒサミを見ると、マスク越しに泣いているのがわかりました。彼女が私の方を見て話す言葉を聞きながら、ユウコはうなずいていました。

「ベイリーを病院に連れてきてくれてありがとう、と伝えてほしいと言っています。彼の体のこわばりが取れたのは数日ぶりだそうです」

私が涙をこらえていると、ヒサミは枕元のテーブルにあった写真立てを手に取り、私に見せてくれました。そこには、バスケットボールのユニフォーム姿のはつらつとした少年が写っていました。彼女はもう一度ユウコに何かを言いました。

「ヤマトくんは、2年前に病気にかかるまでバスケットボールチームのスターだったそうです」

私はヤマトに微笑みかけて手を握り、ヒサミに言いました。

「とても素敵な男の子ね。早く元気になるといいですね。またベイリーと一緒に来ますね。ヤマトくんを連れてぜひハワイに来てね」

別れを告げて部屋を出ると、私は彼らを振り返り、もしベイリーが助けることができたのがヤマトひとりだったとしても、今までやってきたことに意味があったのだと思い直しました。

その後、ベイリーは検査や処置に付き添えるようになり、数年後には院内全病棟に入れるようになりました。やがてベイリーの活動が知られるにつれて、その人気はますます高くなり、日本では有名な犬になりました。彼はテレビ番組に出演し、動物の癒しの力についての世界的なドキュメンタリー番組にも取り上げられました。いうまでもなく、ベイリーは名声を得てなお、日々、子どもたちのために尽くす謙虚な1頭の犬であり続けました。ベイリーの後任犬となったアニーは、2019年の日米首脳会談時に、迎賓館で両国のファーストレディーへご挨拶する機会を得ました。キムはファシリティドッグ・プログラムがもたらした影響と日米間の協働の成功について語りました。長きにわたるベイリーの功績があったからこそ、こうした機会にも恵まれたのだと思います。

ベイリーが10歳を迎えると、シャイン・オン・キッズは彼のために引退セレモニーを開くことにしました。ウィルと私、そしてベイリーを育てたシャロンとロンも招待されました。私たちが日本へ到着し、ベイリーが静岡の次に6年間働いた神奈川県立こども医療センターに到着すると、何百人もの人々がベイリーを讃えるために集まっていることに驚きました。テレビの撮影チーム、元患者とその家族、現在の患者、そして車椅子や病院のベッドに寝ている患者も集まりました。講堂の壁には、ベイリーと子どもたちが一緒に写っている写真がずらりと並んでいました。

その日の午後、多くの人々が、ベイリーが彼らの人生に与えた影響について語りました。そのうちのひとりは、ベイリーが活動を始めたごく初期に訪問した患者でした。彼女は今、看護学校に通っており、いずれはファシリティドッグのハンドラーになりたいと話していました。ベイリーの成功を受けて、その後、さらに多くのファシリティドッグが日本の小児病院で働くようになりました。

病院長はこの日の集まりをこう締めくくりました。

「ベイリーが来日したことは画期的で、人々の人生を変え、さらに私たちのビジョンを変える出来事でした。この9年間で、彼が何千人もの子どもたちを助けてくれたことに私たちは心から感謝しています」

私たち「アシスタンス・ドッグス・オブ・ハワイ」との協働によるファシリティドッグ・プログラムを成功に導いた、キムのビジョンとユウコの献身的な努力に、私は喜びと感謝の念に包まれました。

帰り際、エレベーターの前に立っていると、ひとりの女性が急ぎ足で駆け寄ってきました。彼女は私を見ながら、興奮気味に通訳のヤヨイに話しかけました。

「この方は静岡からいらしたそうです」ヤヨイが通訳しました。

「ベイリーの引退式のことを聞いて、あなたに会うために来られたそうです。9年前、ベイリーが駆け出しの頃にあなたに会ったことがあるとおっしゃっています」

女性は微笑みを浮かべつつ、バッグから写真を取り出して私に手渡してくれました。それは、あのバスケのユニフォーム姿の少年でした。

「この方はヒサミさんで、息子さんはヤマトくんです。あなたがベイリーと最初に訪問した男の子のお母様です。ベイリーはあの後もヤマトくんを訪ね続け、どんなことにも反応しなかったヤマトくんが、ベイリーが来たときだけは目を開き、反応してくれたことが忘れられない思い出だと言っています。どうしてもあなたに感謝の気持ちを伝えたくて、今日ここにいらしたそうです」
＊訳注、大和くんのエピソードは、２７０ページ「前を向く希望をくれたベイリー」も参照。

14／遅咲きのサム

年齢を忘れて人生を生きよ。

ノーマン・ヴィンセント・ピール

私が差し込む朝日で目を覚まし、物音を立てないようにリビングルームまで歩き、カーテンの隙間から外をのぞくと、まだ子犬たちはみんな眠っていました。ウィルは大きくなった子犬たちが休めるように、ラナイに柵で囲われた場所を作ってくれました。この子たちが生まれてからすでに8週間が経ち、新しい家族のもとへ行く日が近づいていることが信じられませんでした。子犬たちの母親役を担っているオリバーは私が見ていることに気づき、私が手を振ると微笑んで、尻尾を振りました。11頭の眠る子犬に囲まれている別名「ミスター・ママ」（訳注、「7／オリバー、別名ミスター・ママ」参照）は、とても幸せそうでした。

ウィルと私はどの子犬も大好きでしたが、特にお気に入りだったのは赤い首輪をしたサムという名前の子犬でした。サムは元気いっぱいで、楽しいことが大好きな、いつも私たちを笑わせてくれる子犬でした。来客があると、サムは何かを口にくわえて挨拶しなければと思っているようで、寝室に駆け込み、スニーカーや洗濯物かごの中の汚れた靴下を持ち出し、客を出迎えるのでした。同時に彼は自分の信念を持ち、です。

独立心が強いという一面も持っていました。それは必ずしも介助犬にふさわしい特性とはいえなかったのです。

私たちはサムを自分たちで飼いたいと思っていましたが、それが彼にとって幸福なことか、確信を持てずにいました。私たちは多くの時間をトレーニング中の犬たちと過ごすため、自分たちの犬と過ごす時間が足りなくなるのではないかと心配したのです。その1週間後、サム以外の子犬たちは新しい家族に迎えられていきました。少し時間をおいて、サムもまた、ラハイナに住む素敵な女性の家族になることが決まり、別れを告げました。私たちはサムのことを思い出しては、懐かしみました。サムは、私が手放したことを後悔した唯一の犬だったのです。

それから3年後、キャンパスでの仕事中に私の携帯電話が鳴りました。発信元を見ると、動物愛護協会だったので戸惑いました。

「もしもし、モー、動物愛護協会のサンディです。犬のことでお話があるのですが……」

「もちろんどうぞ。何かありましたか?」

動物愛護協会が毎年何千頭もの犬を保護していることは知っていましたが、あちらから私に犬について電話をかけてきたのは初めてでした。

「とてもいいゴールデン・レトリーバーがいるのです」彼女は期待に満ちた口調で言いました。「3歳くらいの男の子で、あなたのプログラムに適した子だと思います」

「私たちのことを考えてくれてありがとう、サンディ」

私は慎重に言葉を選びながら言いました。

「ただ、私たちは健康状態や気質をチェックするために、犬たちの生い立ちを確かめる必要があるんです。それに、トレーニングは子犬のときから始めるので、3歳では遅すぎるんです」

彼女はがっかりした様子でしたが、良い里親を見つけるように努力する、と言いました。

数日後、ミーティングの席で、ケイト（訳注、「9／ゼウスは語る」参照）がアメリカ本土にある盲導犬学校に送る候補の犬を探しに動物愛護協会に立ち寄ったことを話しました。

「そこにすごく美しいゴールデン・レトリーバーがいたの」彼女は言いました。

「うちの子たちにそっくりだったわ」

「きっと電話で話していた子だわ」私は言いました。

「彼の名前はサムよ」彼女は言いました。

「あら、以前うちにもサムという名前のゴールデンがいたのよ」

「情報用紙にはラハイナから来たと書いてあったわ」

「偶然ね、私たちのサムもラハイナに住んでいたのよ！」

その子は私たちのサムかもしれない！　そう思った私は急いで動物愛護協会に電話をしましたが、留守番電話でした。居ても立ってもいられず、車を飛ばして動物愛護協会へ向かいました。私たちのサムがなぜ保護施設にいるのか、何があったのだろうと信じられない思いでいっぱいでしたが、まだ手遅れでないことだけを祈り続けました。

車を停めると、走ってケンネルが並んでいる場所に行き、ゴールデン・レトリーバーがいないか、すべてのケンネルを探し回りましたが、1頭も見当たりませんでした。がっかりしていると、ちょうどそのとき、係員と40代ぐらいのカップルがあるケンネルの前で話をしていました。私は、そこだけはまた見ていなかったことに気づき、近づきました。そして、奥の方で寂しそうに座っている、ボロボロのぬいぐるみを抱えた1頭の犬に声をかけました。

「サム、あなたなの？」

私の声を聞いた途端、その犬は飛び上がって走り寄り、ゲートに飛びつきました。

「そう、ぼくだよ！」彼は笑顔で尻尾を振りながら言いました。「ここから出して！」

金網越しに彼の前足が私の手に触れ、私は手を伸ばして彼の首をかいてあげました。

そこにいた係員が申し訳なさそうに言いました。「すみませんが、こちらのご夫婦が先に来ていて、この子の里親になることを検討中なんです」

穏やかそうなご夫婦を前に、私の目は涙であふれました。

「これはあなたの犬なんですか？」男性が言いました。

「今はそうではありませんが、子犬の頃は私の犬でした」

気まずい沈黙が流れ、彼らは「少し時間をいただけますか」と言い、少し離れたところで話し合っていました。

やがて戻ってくると、あたたかな微笑みと共に言いました。「この子を引き取ってあげてください。彼がいるべき場所がどこなのかは一目瞭然です」フロントで手続きをする中で、サムの元飼い主が突然亡くなり、近所の人が彼をここへ連れてきたことがわかりました。

サムと私は保護施設を出て、彼はうれしそうに車の助手席に飛び乗りました。運転中、サムはずっと私の膝の上にあごを乗せていました。私はウィルを驚かせるのが待ちきれませんでした。当時、私たちはトレーニング中の3頭の黒いラブラドール・レトリーバーと同居していて、ウィルが仕事から帰宅すると、玄関ですべての犬たちが熱烈に出迎えるのが恒例になっていました。でもその日、3頭に先駆けて飛びついたのはサムでした。サムは飛び上がってウィルの胸に前足を置き、彼の腕をそっとくわえました。

ウィルは笑いながら「この子は誰？」と聞きました。

「当ててみて！」

「見覚えがある気がするけど、わからないな……」

まるで彼に気づかせようとするかのように、サムは私たちの寝室に駆け込み、スニーカーをくわえて戻ってきました。ウィルは驚いて目を見開きました。

「もしかしてサムか？」彼は満面の笑みで尋ねました。

「そう、サムよ！」私は今日の出来事を説明し、愛するサムが私たちのもとへ帰ってきてくれたことに深い感謝を捧げたのです。私がウィルをハグしようと手を伸ばすと、サムは私たちの間に飛び込んできて、みんなでしっかりと抱き合いました。

サムはキャンパスにいることを喜び、他の犬たちのことも大好きでした。何年もの間、サムは数十頭の子犬を育てるのを手伝ってくれました。そして、先輩犬を敬う大切さなど、多くのことを子犬たちに教えてくれました。子犬たちが彼に飛びついたり、耳や尻尾を強く引っ張りすぎたりすると、彼は唇をめくって歯をむき出しにして、してはいけないことをわからせようと警告しました。もっとも、サムが怒りの表情を見せても、子犬たちは彼が決して本気で怒っているわけではないことを知っていたのです。

サムは、私がトレーニンググルームで他の犬たちと一緒に練習をしているときは、中庭からガラス戸越しに私たちをじっと見て、どうにかしてトレーニングに参加できないかと考えているようでした。あるとき、トレーニングを終えた子犬たちを外に出していると、開いたドアからサムが走り込んで来ました。そして、子犬たちに教えていた「タグ（引っ張って）」のキュー練習用のロープを取り付けたドアにまっすぐ近づき、他の犬たちがやっていたように、ロープを引っ張ってドアを開けたのです！　サムは見ていただけで、やり方を学んでいたのです。

また、愛嬌のあるサムには他の犬たちとは違う仕事が舞い込んで来ました。彼はカメラが大好きだったので、モデルとして、「アシスタンス・ドッグス・オブ・ハワイ」の顔になってくれました。サムの笑顔は何年もの間、私たちのパンフレットや広告を飾りました。花束を抱えたサムの写真のグリーティングカードは、ベストセラーになったのです！

サムは週末にビーチに行くのが生きがいでした。彼はなぜか土曜日がわかるらしく、土曜日は早朝から私の顔におもちゃを押しつけて、「行こうよ、時間がもったいない！」と待ちきれない表情で私を起こしました。

ビーチでできることは何でも好きでしたが、サムの一番のお気に入りはカニ掘りでした。彼は水辺の濡れた砂にある、小さなスナガニが潜る穴を探しました。サムは一つひとつの穴のにおいを嗅ぎ、どの穴にカニがいるか、見つけられるようでした。尻尾の先しか見えなくなるまで深く砂を掘り続けたこともありました。実際にカニを捕まえることは滅多にありませんでしたが、時折、サムが悲鳴を上げて唇をカニに挟まれたまま、穴から飛び出して来て、必死に頭を振ってカニを振り落とそうとすることがありました。

介助犬のトレーニングは真剣な仕事ですが、サムは家でもキャンパスでも笑いを誘い、息抜きの時間を作ってくれました。サムは生きる喜びにあふれていて、周りを元気づける存在でした。サムの近くにいると、人々はずっと不機嫌でいることはできないのでした。

私が大学院で学んだ際、修士論文のテーマは「人間と介助犬のための言葉を介さないコミュニケーション・システムの構築」（訳注、「10／ヨダ、希望の星となる」参照）でしたが、同時に医療分野における探知犬の可能性にも重点をおいて研究していました。犬ががんやその他の病気を検知するというアイデアに興味を抱いた私は、幸運なことにこの分野のトップ研究者たちから学ぶことができました。

大学院を卒業して1週間後、私はマウイ島でチーム・トレーニング・キャンプを指導していました。クラスには3人の男性がいましたが、彼らは全員、運動機能障害があり、車椅子を使用していました。7歳になったサムは中庭にひとり座り、いつものようにカーテンの隙間からトレーニングルームをのぞき込み、自分が育てた犬たちが新しいパートナーのためにスキルを披露する様子を見守っていました。

チーム・トレーニング・キャンプの最初の週、生徒のうちふたりが尿路感染症を発症し、そのうちのひとりが入院するに至りました。脊髄損傷などの障害がある人々にとって、こうした感染症にかかることは珍しくないことを、私はこのとき初めて知りました。原因の多くは、膀胱機能の低下やカテーテルの使用によるものでした。さらに困ったことに、神経障害を持つ人の多くは痛みを感じにくく、自身の体が発する警告を受け取れないことが多いのも問題でした。尿路感染症を治療せずに放置すると、腎臓の感染症や生命を脅かす敗血症にまで進行する可能性があるのです。

入院中の生徒を見舞った際、犬にがんの探知を教えられるように、尿路感染症の探知方法を教えられないかと考え始め、私はそのアイデアに夢中になりました。早期発見ができて、もしかしたら命を救うことにつながるかもしれない可能性について、考えれば考えるほど、胸が高鳴る思いでした。犬はその驚異的な嗅覚によって人が細菌に感染していることに気づけるはずです。そこで必要なのは、犬がそのことを私たちに知らせる方法を学ぶことだけでした。

学生時代の恩師のひとりで、犬が肺がんや乳がんを検出するという画期的な研究を行っていたマイケル・マッカロク先生に連絡をとりました。先生はこのアイデアに興味を持ってくださり、驚いたことに、すぐにこの研究に協力してくださることになりました。マッカロク先生は、自身が以前に行ったがん探知の研究に基づき、研究計画の立案と実施計画書の作成を手伝ってくださいました。

カピオラニ・メディカル・センターとクリニカル・ラボラトリーズは、このプロジェクトで私たちと提携することに同意してくれました。アイデアを形にしていくプロセスはもちろん、私は統計やデータ処理も好きでした。研究実施計画を確定し、「IRB（治験審査委員会）」と「IACUC（動物実験委員会）」から必要な承認を得るのに、ほぼ1年を要しました。

次のステップは、研究に参加する5頭の犬を選ぶことでした。研究計画の基準には、1歳から5歳までの意欲の高い犬であることが含まれていました。最低でも10頭の犬の中から選ばなくてはいけなかったのですが、当時キャンパスには9頭しか犬がいなかったのです。10頭目の犬をどこで見つけたらいいのだろうと考えながら窓の外を眺めていると、中庭からこちらを見て微笑むサムが目に入りました。サムは研究に挑戦できるだろうかと私は考えました。サムはすでに8歳で、年齢制限をはるかに超えており、白髪が目立ってきたマズルからも年齢は明らかでした。しかし、日頃からのサムの意欲を買って、私は彼にチャンスを与えることにしました。

犬たちを1頭ずつトレーニングルームに連れてきて、選抜テストを行いました。床に置かれたいくつかの箱の中から、犬用トリーツを見つけるという課題でした。サムの順番は最後でしたが、日々のすべてのことに向けるのと同じ熱意をみせて、それぞれの箱に近づきました。尻尾を激しく振りながら箱を探し、隠されたトリーツをすぐに見つけました。その日の最後に、評価者がコメントと得点表を集計し、選抜チームに選ばれた犬が発表されました。上位5頭は、スカウト、セイディ、エイブ、アストロ、そしてサムでした。彼はついに仕事を得たのです！　私はまるで自分の息子のように誇らしく思いました。

私たちはメインのトレーニングルームを片付け、隣接するオフィスを検査室に変身させました。トレーニングルームに縦横12インチ大（約30センチメートル）の「におい探知箱」5つを、壁に沿ってきっちり26インチ（約66センチメートル）間隔で置きました。箱は白いアクリルガラス製で、上部に小さな円形の開口部があり、犬は中身のにおいを嗅ぐことはできますが、中に手を入れることはできないようになっていました。各箱にはプラスチックのトレイに乗せられた、1ミリリットルのサンプルが入った小さなガラス製の薬瓶が入っていました。

オアフ島の研究所から、1日あたり約40の尿サンプルが送られてきました。それぞれに性別、年齢、細菌検査が陽性か陰性か、どのような種類の細菌が含まれているかなどのラベルが貼られていました。空港でそれらをバイオハザードバッグ（訳注、感染性廃棄物を安全に収集、保管、輸送するために特別に設計された専用バッグ）に入れて受け取り、防護服を着用した私たちスタッフがサンプルの開梱・取り扱いを行いました。

5頭の犬たちは、ターゲットとして細菌検査で陽性と判定されたサンプルの入った箱を見つけるスキルを学びました。まず1頭ずつ、並べられた箱のにおいを端から順に嗅ぎます。私たちは最初、ターゲットと一緒に犬用のドライフード1粒を箱に入れました。犬たちがその箱を探し出した瞬間に、私たちはクリッカーを鳴らし、トリーツをあげました。彼らはすぐにトリーツとターゲットのにおいを関連付け、やがてドライフードを添えなくてもターゲットを探し出せるようになりました。彼らはその他の陰性サンプルから来るあらゆるにおいを無視し、探すべき細菌を含むにおいだけに集中することを学びました。

当初、ターゲットを探し当てた犬は、それぞれ独自の行動で教えてくれました。アストロは立ち止まり、落ち着いた様子で正解の箱を見つめました。エイブは正解の箱を覆うように立ち、横目で私をちらりと見ながら鼻を穴に入れました。セイディは箱の横に座り込み、じっと箱を見つめました。スカウトは円を描きながら回って、勝ち誇った笑顔で箱の上に座りました。

サムの知らせ方は、長年ビーチでスナガニのにおいを探知していたことから生まれた、彼ならではのものでした。ターゲットの入った箱に近づくと、サムは全集中でにおいを嗅ぎ、興奮して尻尾を振りました。そして箱の上部の小さな穴を必死に掘り始めるのです！　これは明確な合図でしたが、残念なことに箱がひっくり返され、部屋中に散らかってしまうので、適切とはいえませんでした。

次の段階は、あらかじめ決めた知らせ方をすべての犬に教えることです。それは、ターゲットのにおいが入った箱のすぐ前で座る、というものでした。

この実験で最も大変だったのは、ターゲットのにおいが入っていた箱を十分に洗浄し、その箱に残留しているターゲットのにおいを除去する方法を見つけることでした。犬の嗅覚は人間の10万倍以上といわれているため、犬が反応しないようにするのは至難の業でした。しかし試行錯誤を重ねて、最終的に私たちは洗浄の手順を確立させ、その後のトレーニングはスムーズに進みました。

次の段階では、犬だけでなく、ハンドラーもターゲットが入っている箱がどれかを知らない状態で行いました。1頭ずつ、リードを外し、「ゴー・ファインド（探しに行って）」とキューを出すだけでした。これを何千回と繰り返したのですが、私も犬たちも決して飽きることはありませんでした。彼らが犬特有の才能である驚異的な嗅覚を駆使している姿を見て、心から尊敬の念を感じました。犬たちはみんな、意欲的にこの作業を行っていましたが、サムほど楽しんでいた子はいませんでした。彼の自由を愛する魂は、自主性を持って行えるこの作業をとても楽しんでいるように見えました。毎日、彼は自分の番が来るのを待ちきれない様子で、常に意欲的にトレーニングに取り組んでいました。サムは待ち望んできた仕事を任されたことがとても誇らしそうでした！

医療探知犬サム

実験で使用したのは、大腸菌の入ったサンプルでした。大腸菌は尿路感染症の最も一般的な原因だからです。最初は届けられたままの濃度の尿サンプルから開始し、その後、陽性と陰性のサンプルすべてを蒸留水で濃度1パーセントに薄めて試しました。それでも犬たちの正解率は同じでした。次に、サンプルを濃度0・1パーセントまで薄めてみることにしました。犬の順番はランダムに決め、最初に挑戦したのはサムでした。私は部屋の反対側から、彼が並べられた箱に近づき、においを嗅ぎ始めるのを、固唾を飲んで見守りました。サムは迷うことなく、4番目の箱の前に座りました。実験室の中から正解を意味するカチッという音が聞こえました。

「いい子ね、サム。やったね!」と私が褒めるとサムは尻尾を振り、自分の仕事ぶりにとても満足した様子でした。

たとえ低濃度であっても、犬がターゲットを探知できると証明されたことは、生命を脅かす状態になる前、感染症の初期段階で細菌の存在を特定できる可能性を示唆する重要なことでした。研究の最終段階では、ブドウ球菌、腸球菌、クレブシエラ菌など、尿路感染症を引き起こす他の種類の細菌を探知させることを犬に教えました。

すべての段階が終了すると、統計学者によって結果が集計されました。すべての犬が感度(陽性サンプルを正しく探知する率)95パーセント以上、特異度(陰性サンプルを正しく無視する率)90パーセント以上を記録しました。中でもサムの成功率が最も高い結果となりました。

後年、この研究はオックスフォード・ジャーナル誌(訳注、イギリスのオックスフォード大学出版局が発行する学術誌)に掲載され、同誌のエディターズ・チョイス賞を受賞しました。ニューイングランド・ジャーナル・オブ・メディシン誌やナショナル・ジオグラフィック誌でも紹介されました。翌年、私はイギリスのケンブリッジ大学で開催された、初めての医学分野における生体検知の国際学会へ招待され、私たちの研究を発表しました。自由な魂を持ち、スナガニとビーチをこよなく愛するサムが、長い時間をかけて天職にたどり着き、次代へと続く歴史的な功績を残すことになるとは誰が想像できたでしょうか。

15／スーパー・トルーパー

ヒーローとはどんなに大きな障害があっても努力を惜しまず、耐え抜く力を身につけたごく普通の人のことだ。

クリストファー・リーヴ

トルーパーは子犬の頃から年齢を重ねた犬のような存在感がありました。賢そうな表情で、いつも冷静で落ち着いていていました。他の子犬と違って、リードをつければ完璧に左側につき、集中が途切れにくい子でした。シャロン（訳注、「13／ベイリー、日本へ行く」参照）と彼女の家族は、ベイリーが卒業してすぐに、トルーパーのパピーレイザーを始めました。トルーパーが成長するにつれ、毎月、素晴らしい報告がシャロンから届きました。

トルーパーが生後12か月になったとき、彼は上級トレーニングを開始するためにキャンパスにやって来ました。彼は誠実な犬で、その安定性と仕事への意欲と熱意に私は感銘を受けました。トルーパーはオーストラリアの盲導犬学校で生まれ、50世代以上続く世界最高の盲導犬の血統を受け継いでいました。そのためか、子犬ながら、すでに威厳すら感じられました。ハンサムな顔立ちで額が広く、ダークブラウンの瞳は優しさと知性に輝いていていました。

トルーパーは介助犬として理想的な気質を持ち、しっかりとしたスキルを身につけました。卒業は数か月先の予定でしたが、待機リストに目を通しながら、トルーパーが特別な人のもとで、天職に巡り会えるように祈りました。私はトルーパーにふさわしい人がタイミングよく現れると信じていたのです。

その1週間後、介助犬を希望するサマーという若い女性からメールが届きました。サマーが「アシスタンス・ドッグス・オブ・ハワイ」のことを知ったのは、彼女の母校であるイオラニ高校で「カピオラニ・メディカル・センター」のウェンディとファシリティドッグのタッカーが講演を行ったのがきっかけでした。かつての恩師がサマーに私たちのことを知らせてくれたのだと彼女は言いました。そのメールを読んだ瞬間、トルーパーは彼女にぴったりの犬かもしれないと直感が走りました。

サマーは、彼女の人生と介助犬を求めている理由について話してくれました。彼女はオアフ島で育ち、カヤックやパドリングを楽しむ、明るくて気さくな若い女性でした。勉学に励み、パシフィック大学で学んだ後、ノースイースタン大学での経営学修士を取得するためにボストンに移りました。卒業後の数年間は海外で働き、その後ハワイに戻りました。そのときサマーは26歳、彼女の未来はこれ以上ないほど明るく輝いていました。

しかし突如、誰も予想できなかった出来事が起こり、サマーの人生が急変したのです。ある日、サマーは体調を崩して高熱を出しました。病状は急速に悪化し、両親が彼女を救急外来へ連れていくと、細菌性髄膜炎と診断されました。彼女の命を救うため、医師たちは四肢を切断するという苦渋の決断を下したのでした。

サマーは「クイーンズ・メディカル・センター」に1年以上入院し、その後オレゴン州ポートランドの入居型のリハビリセンターに移りました。彼女はそこで2年間暮らし、さらに何度か手術を受け、義肢の使い方を学びました。また、手足が使えない状態での生活の仕方も学びました。センターの入居者のほとんどは、彼女の祖父母と同年代でしたが、サマーは彼らの多くと仲良くなりました。孤独を感じることもあると彼女は認めましたが、彼女の前向きな姿勢に私は感銘を受けました。

話をする中で、サマーは家の中だけでなく、人前に出るときも助けてくれる犬が欲しいと言いました。ハワイに戻り、四肢がない状態になった自分を初めて見る人たちへの接し方がわからず、不安を感じていたのです。介助犬がそばにいてくれることで、自分への注目が少しでも和らぐことが彼女の希望でした。想像を絶する困難を乗り越えてきた、若く勇気ある女性を助ける機会を持てたことを、私は心から誇らしく思いました。

介助犬の申請が承認され、トルーパーとのマッチングが決まったと知ったとき、サマーは大喜びでした。次のチーム・トレーニング・キャンプが、彼女が待ち望んでいたハワイへの帰郷と重なっていたからです。彼女はマウイ島に戻り、新しいパートナーに会うのを楽しみにしていました。しかし出発直前、サマーはさらなる手術が必要だと診断され、帰郷を数か月、延期せざるをえませんでした。彼女はチーム・トレーニング・キャンプに参加できないことをとても残念がり、30歳の誕生日を家族から遠く離れ、ひとりで迎えることにも気落ちしていました。私は、トルーパーはトレーニングを継続しながら、あなたのことをいつまでも待っている、と彼女に約束しました。

サマーを助けることに特化したスキルを、トルーパーに教えるのはやりがいがありました。彼女はできる限り自立したいと決意しており、トルーパーに手伝ってもらいたい数多くのことをリストに挙げていました。トルーパーは食洗機を開けてラックを引っ張り出すこと、冷蔵庫から飲み物を取り出すこと、サマーに携帯電話を持ってくることを覚えました。さらに、洗濯物を洗濯機に入れ、乾燥機から取り出す方法も学びました。実際に洗濯物をたたむことはありませんでしたが、真摯に取り組む彼の表情から、洗濯物をたためるものなら、たたんであげたのだろうと思ったほどです。トルーパーは台所の戸棚を開け、ゴミ箱にゴミを入れられるようになり、サマーが車椅子で移動するスペースを確保するために、自分のおもちゃを床から拾ってカゴに片付けることも覚えました。

サマーが戻るのを待つ間、私はホノルルにある彼女の実家を訪ね、彼女とトルーパーが暮らす環境を正確に把握することにしました。彼女の母親に手入れの行き届いた家を案内され、他の家族にも会えました。サマーが家に戻れたとき、あふれるほどの愛に包まれることがわかって、胸に熱いものがこみ上げてきました。彼女の寝室に立って、私はさらに考えを深めようとしました。サマーの今後の人生にトルーパーが寄り添うことで、彼女が自身の人生を思う存分生きられるよう手助けしたい――もっと何か、トルーパーに教えられることはないでしょうか。

帰り際にあることを思いつきました。

「サマーの予備の義手をひとつ貸してもらえませんか？」サマーの母親に頼むと、彼女は戸惑いを隠せませんでした。

「トルーパーのトレーニングに使いたいのです」と私は説明しました。

「トルーパーが取ってきたものを、義手をしたサマーに渡す練習に使おうと思います」

彼女は喜んで承諾してくれました。サマーの義手には、物をつまんで拾えるように、先端にふたつの金属製フックが付いていました。

私はキャンパスに戻り、すぐに新たな仕事に取りかかりました。トルーパーに義手を持ってくることを教え、義手を使う私のところへ必要な物を取ってくる練習をしました。トルーパーが口にくわえてきた物をフックで受け取るときは、唇やひげを挟まないように注意が必要でした。トルーパーは私をとても信頼して、忍耐強く練習に付き合ってくれました。トルーパーと一緒にトレーニングをすればするほど、彼がサマーの人生を劇的に変えてくれるという予感がふくらみました。

いよいよ帰郷予定日の2週間前になって再び、新しい義肢のフィッティングのため、予定が延期になったとサマーから連絡がありました。部屋にトルーパーの写真を飾り、彼との生活を心待ちにしていた彼女はとても落胆し、トルーパーが他の誰かのパートナーになってしまうのではと心配していました。私はすでに考えうる限りのスキルをトルーパーに教え、彼はいつでも仕事を始められる状態だったので、これ以上彼を待たせるわけにはいかない、と思いました。

その晩、ウィルと私は話し合いを重ね、翌朝、サマーへ電話をしました。そして、トルーパーをサマーのいるポートランドに連れていき、そこで彼女と一緒にトレーニングをする、というウィルからの提案を伝えたのです。思いがけないアイデアに、彼女は大喜びでした。私たちは飛行機を予約し、リハビリセンターの近くのホテルを2週間予約しました。

ウィル、トルーパー、そして私は、ポートランド行きのフライトのバルクヘッドシート（足元のスペースが広い座席）に座りました。飛行時間は6時間弱で、トルーパーは飛行中ずっと私たちの足元に横たわっていました。トルーパーにとって、飛行機の客室での旅は初めてでしたが、彼はすべてを難なくこなしてくれました。離着陸の間、私はトルーパーを撫でたり、トリーツをあげたりして、ポジティブな体験にしようとしました。彼はとてもおとなしく、お行儀が良かったので、他の乗客は彼が機内にいることに気づきもしませんでした。

巡航高度に達すると、私はウィルと窓の間で、靴を脱いでリラックスした姿勢に座り直しました。機内

サマーと介助犬トルーパー

で読もうと本を持ってきましたが、サマーのことで頭がいっぱいで、それどころではありませんでした。彼女がこれまで経験してきたことに思いを馳せ、彼女とトルーパーが共に末永く幸せでいられるように祈りました。

ポートランドに降り立ち、ホテルのチェックインを済ませると、みんなでウィラメット川沿いを散歩しました。通りかかる人たちはみんな、トルーパーが買い物袋を口にくわえて運び、ボタンを押してホテルのドアを開ける様子を楽しそうに見ていました。心地よい夕暮れでしたが、翌日に備えて私たちは早々に眠りにつきました。

翌朝8時にリハビリセンターに到着し、サマーの部屋に直行しました。トルーパーはウィルの横にぴたりとついて、朝の回診をする看護師や、朝食のトレイを載せた騒々しいカートを運ぶスタッフたちの間を縫うように進みました。サマーの部屋を探しながら、私は興奮を抑えきれずにいました。

角を曲がると、ようやく彼女の部屋番号が見えました。少し開いたドアには黄色いポスターが貼ってあり、陽気な手書きで「トルーパー、ようこそ！」と書いてありました。私は微笑み、トルーパーの耳を撫でました。真新しいブルーのベストと首輪をつけた彼は、いつも以上に凛々しく素敵に見えました。ウィルがドアを軽くノックして、私たちは部屋に入りました。

窓から朝の光が差し込み、ベッドに座った長い黒髪の若い女性を照らしていました。彼女は義肢を着けておらず、露出した四肢と今までの手術の傷跡を見て私は息を飲みました。

私たちを出迎えると、彼女の顔いっぱいに笑顔が広がりました。「トルーパー、来てくれたのね！」彼女はうれしさに声を弾ませながら、彼をベッドに呼び寄せました。いつもと変わらず節度を保ち、自分の果たすべき役割を理解しているトルーパーは、一度呼ばれただけですぐにベッドに飛び乗りました。サマーの隣に座り、頬に軽くキスをしました。もし彼女の姿に驚いていたとしても、その様子を決して表には出しませんでした。犬は私たちの外見にとらわれず、その人の本質を見極められる素晴らしい能力を持っているのです。

「こんにちは、サマー！」ウィルは彼女を抱きしめて言いました。「やっと会えてとてもうれしいよ」

サマーに会った途端、私が抱いていたすべての不安が消えていきました。彼女は自信に満ちあふれ、ありのままの自分を受け入れていたのです。私たちの多くは、得てして自分の外見にとらわれ、他人の目を気にしがちですが、彼女はとても前向きで、過去に経験したあらゆる苦しみにとらわれることなく、軽やかに未来へ旅立つ準備ができているようでした。サマーは頭の回転が速く、ユーモアのセンスも抜群で、彼女のそばにいると悲しい気持ちも消えてしまうのでした。

彼女の病室の隅に、たくさんのおもちゃで覆いつくされた犬用のベッドがあり、床には水の入ったボウルが置かれていました。彼女が見せてくれた戸棚の引き出しには、トルーパーのためのグルーミング用品、リード、首輪、犬用ビスケット、犬用ジャーキー、テニスボール、コング、フリスビー、そして様々なぬいぐるみが入っていました。トルーパーはすべてが整った恵まれた場所へたどり着いたのです！

私たちは毎日、リハビリセンターとその近所でトレーニングをしました。サマーは、トルーパーがあらゆる種類のものを口にくわえて、義手でつかめるように慎重に差し出す方法を身につけていることに感激していました。トルーパーがドアのボタンを押せるので、誰の助けも借りずに外出できることにもサマーは感謝していました。私たちは、トルーパーが知っている90のキューを練習しました。私はふたりがやることなすことすべてに驚き続けました。

サマーは屋外にいるのが好きで、午後は毎日、時間をかけて散歩をしました。近所には吠える犬がたくさんいましたが、サマーはトルーパーが彼らをまったく気に留めないので安心していました。ある日の午後、私たちは散歩から戻ったばかりで、私はサマーとトルーパーの少し後ろを歩いていました。トルーパーがサマーの左側にぴたりとついて歩く姿に見とれていると、突然、曲がり角の向こうから天井の電球を交換するためにスティルト（訳注、高所作業時に使用するアルミ製の竹馬）を履いた男性が現れ、サマーとトルーパーの方へやって来たのです。そこへ折悪しく、ある部屋から飛び出した1頭の犬が男性に激しく吠えかかり、次にトルーパーに目を向けました。助けに入ろうにも離れていたので、私は息を飲むことしかできずに立ち尽くしていました。初めて見るスティルトだけでも困惑するのに、攻撃的な犬まで登場しては大惨事になりかねません。

　しかしサマーは冷静かつ毅然とした態度でトルーパーに話しかけ続け、何事もなかったかのようにその場を通り過ぎていきました。その間、トルーパーはまったく動じることがなく、私はこのペアが素晴らしいチームになることを確信しました。

　サマーはとても前向きで、自立することを固く決意していました。毎朝、彼女はとても手間と時間のかかる義肢の装着を手際よくこなしました。サマーと一緒に過ごす間、彼女が何かに不平を言うのを聞いたことは一度もありませんでした。おかげで私も不満を感じたときに、視点を変えて物事を適切にとらえるれるようになりました。彼女は忍耐強く取り組んだので、トルーパーのグルーミングや食事の世話を自分でできるようになりました。彼女はトルーパーに深い愛情を注ぎ、2週間のトレーニングが終わる頃には、ふたりは固い絆で結ばれ、チームワークも抜群になりました。トルーパーをサマーに預けて、マウイへ帰るときがやって来たのです。

　それから1か月後、ようやくサマーがトルーパーと共にオアフ島の自宅へ戻れる日がやって来ました。再会した私たちは、彼女の家やよく行く場所で一緒にトレーニングをしました。サマーはホノルルのダウンタウンで会計士の仕事に戻りたがっていましたが、そのためには車の運転ができなければなりませんでした。サマーが義肢を使った車の運転を学ぶのに合わせて、トルーパーはシートベルトをして助手席に乗ることを学びました。

「トルーパーは私にとって完璧な犬よ」ある日、一緒にランチをしているときに彼女が言いました。

「彼はいつでも紳士なの」

「どういう意味?」と私は尋ねました。

「まずね、トルーパーは私がよだれだらけのキスや、犬の毛がベッドにつくのを好きじゃないと知っているの。だから、私の頬にかすかに触れるような軽いキスをするようになったの。そして私のベッドの足元に敷かれた毛布の上で寝ることも覚えてくれたの」

自分の名前を聞くと、トルーパーはちらりとサマーを見上げ、期待を込めて尻尾を振りました。

「そしてあの尻尾！」彼女は楽しそうに笑いました。「あれが大好き！　彼はいつでも私の手伝いをする準備万端なのよ。あまりにも手助けしたがるから、つい余計なことまでお願いすることもあるくらいよ」

帰郷して1か月後、サマーは母校で「感謝の大切さ」について講演を依頼され、私を招待してくれました。私と同じように、かつては彼女も人前で話すことが苦手でしたが、闘病中に新たな自信と勇気を得ていました。何よりも彼女は、忍耐と前向きに生きることの大切さについて自身が学んだことを、生徒たちに伝えたかったのです。

満員の観客の中、横を歩くトルーパーと一緒に、サマーはゆっくりと車椅子で観客席を通り、ステージに上がりました。スタッフや生徒たちから贈られた色とりどりの花のレイが首元を飾り、彼女の笑顔をより引き立てていました。彼女はトルーパーを見下ろして微笑み、トルーパーは全幅の信頼をおいて彼女を見上げました。

サマーは観客を見渡しながら深呼吸をし、ゆっくりと話し始めました。そして最後をこう締めくくりました――指に結婚指輪をはめることも、足の指で砂浜の砂を感じることもできないけれど、自分には無償の愛を捧げてくれる存在がいて、それだけで充分なのだ、と。彼女が話し終えたとき、その場にいた全員の目に光るものがありました。観客席の誰もが彼女のメッセージに感動し、長いスタンディング・オベーションが贈られました。

トルーパーは長年にわたってサマーの変わらぬ伴侶であり続け、見知らぬ人々と話すきっかけを作ってくれる最高の存在でした。トルーパーがそばにいると、彼らの目に映るのは、障害を持つ女性の姿ではなく、人生を精一杯生きている美しいチームだったのです。トルーパーと行動を共にすることで、サマーはより自立でき、自らの意思でどこへでも出かけられるようになりました。サマーによると、トルーパーお気に入りの場所は自然豊かなオレゴン州やナパバレーのワイナリーでした。実は、トルーパーは自然に囲まれている方が好きだけれど、大都会ラスベガスへの旅行も受け入れて、しっかりと役目を果たしてくれたと彼女は話していました。

サマーの自信は年々増していき、トルーパーと一緒にたくさんの冒険に出かけました。国防総省から障害を持つ最も優秀な公務員としての表彰を受けるサマーに付き添って、ふたりでワシントンＤＣに行ったこともありました。

あるとき、新しい子犬のマックとノアを迎えるためにオアフ島に出向いたウィルと私は、サマーとトルーパーの様子を見に、彼女の家へ立ち寄りました。ふたりはお互いが一緒にいられることに満足していて、とても幸せそうに見えたのが印象的でした。

サマーがプールに向かってボールを投げ入れると、トルーパーはそれを取ろうと水の中に飛び込みました。またトルーパーが子犬たちに水泳を教えようとするのを見ていると、マックはすぐにプールに飛び込みましたが、ノアは階段に座って観察していて、２頭の性格の違いが見てとれました。その後、３頭は芝生の上で転げ回り、顔を甘噛みし合って遊び、最後にはヤシの木陰に倒れ込んで寝てしまいました。

サマーは眠っている犬たちを見つめながら、感慨深そうに言いました。

「もしひとつだけ願いが叶うとしても、腕や脚を取り戻したいとは思わないわ」

「本当に?」私は驚いて尋ねました。「では何を願うの?」

「トルーパーに私がどれだけ彼を愛し、感謝しているかを知ってもらいたいの」とサマーは言いました。

「彼はとても勇敢なの。新しいことに挑戦するのが怖くても、いつもベストを尽くして決して諦めない。

彼は私のヒーローよ」

私は彼女の言葉を聞いて胸が熱くなりました。彼らはまさに似たもの同士だったのです。

16／タッカー、目的を果たす

自分自身を見つける最良の方法は、他者への奉仕に没頭すること。
マハトマ・ガンジー

私たちの会話が自分の運命を決定することになるとは思いもせずに、タッカーはオフィスの床に置かれた犬用ベッドでお腹を見せてくつろいでいました。金色の尻尾を振りながら、お茶目な笑みを浮かべて私を見上げていました。私はテーブルの下で靴を脱ぎ、素足で彼の胸をさすりました。

彼の毛並みは輝くような金色で、どういうわけか子犬の頃と同じ絹のようなやわらかさを保っていました。そのために1歳になった今でも、タッカーは子犬に間違われることがありました。大きな丸い頭と大きな脚先は、まだ成長途中のように見えました。耳は厚みがあってやわらかく、頭にぺたんと垂れていました。表情は優しく、目はいつも輝いていました。

私とウィルがクリスマスに、初めてタッカーと病院を訪れたときのことを思い出しました（訳注「1／タッカー、天職を見つける」参照）。彼がリリに与えた奇跡的な影響を目の当たりにして、彼はファシリティドッグになる運命なのだと確信していました。「カピオラニ・メディカル・センター」からの申請書が届いたのは、タッカーが上級トレーニングを受けているときで、彼はすでに卒業する準備ができていました。小児病院はタッカーにとって完璧な配属先でした。私は自分の幼い頃の入院体験を思い出し、タッカーが助けるであろうケイキ（ハワイ語で子どもの意味）たちのことを考えるとワクワクしました。

しかし、ここ数か月、タッカーのハンドラー探しは予想外に難航していました。そしてまた今日も、病院の事務担当者からの言葉に私はがっかりしていました。

「さらに3人のハンドラー候補がいますが、この中に適任者はいないと思います。ひとりは経理の職員で、ひとりはパートタイム勤務、もうひとりはすでに5頭の犬を飼っているんです」

こうした状況が続く中、もう諦めた方がいいと言う人もいましたが、その言葉は逆に私を奮い立たせました。そう言ってくる人たちは、何らかの壁にぶつかるということは、そうなる運命ではない、という意味だと思っていました。しかし私は自分の経験から、最大の壁のすぐ後には最高の祝福が待ち構えていることが多いと知っていたので、ひるむことなく、前進する決意をさらに強固なものにしていたのです。タッカーは多くの子どもたちに大きな影響を与える運命にあるはずだと私は信じていたので、どんな壁があろうとも彼の運命を全うさせたい一心でした。忍耐と不屈の精神あるのみ、と自分に言い聞かせていたのです。

事務担当者は応募書類に目を通しながら続けました——「ひとりだけ、この仕事にぴったりの方がいたのですが、残念ながら彼女の住んでいる分譲マンションは犬を飼ってはいけないそうです」

「彼女のことをもっと詳しく教えてもらえますか？」私は興味を持って尋ねました。

「彼女はウェンディ・ハーシュという心理士です。ここに来て7年になりますが、献身的に仕事に取り組んできました。彼女は子どもたちと良い関係を築いていますし、病院スタッフも彼女のことが大好きです」

「彼女に会って、何か良い方法を考えられないか、相談してもいいですか？」私は期待を込めて言いました。

10分後、オフィスに現れたウェンディはすぐに床に座ってタッカーを撫で始めました。彼女はとても気さくで面白い人で、私はすぐに彼女を好きになりました。タッカーもひとめぼれしたようで、お腹を撫でてもらってご機嫌な様子でした。

翌日、ウェンディから電話があり、マンションの管理人が彼女の要請を却下したため、引っ越すことにしたと言いました。私は彼女のスピーディーな決断力に感動しました。それからわずか1か月後に、犬も飼える、彼女の新しい分譲マンションで最初の面談を行いました。

その春、ウェンディはチーム・トレーニング・キャンプのためにマウイ島を訪れました。最初の小テストが配られたとき、彼女は緊張していること、テストに合格できないかもしれないと心配していることをクラスメイトに話しました。

「ちょっと待って！　あなたは博士号を持っているでしょう？」私は笑いながら言いました。

「あなたなら絶対できるわ」

彼女はまだ不安そうだったので、安心させようと「10歳の子どもも合格したんだから大丈夫！」と付け加えました。

「やめて、もっと緊張しちゃうわ！」クラス中が笑う中、彼女は小さくうめき声を上げました。

私は彼女の不安を取り除こうと思い、こう続けました。「私を信じて！　あなたなら大丈夫よ。このクラスで不合格になった人は今までいないのよ」

「じゃあ……私が初めて不合格になるのね？」小テストを配ると、彼女は恐怖の表情で尋ねました。

もちろん、無事にウェンディは最初の小テストで合格点をとり、トレーニングが進むにつれてリラックスし始めました。彼女は犬を飼うのが初めてだったので、基本的なことから始めました。最初の実習の前に、生徒たちにリードを配りました。ウェンディはリードの両端をよく観察した後、クリップ部分を自分のズボンのベルト通しにつけ、輪になったリードの持ち手部分にタッカーの頭を通そうとして、焦って言いました。

「もっと大きなリードが必要です。このリードはタッカーには小さすぎます」

私は笑いたいのを必死でこらえて真顔を保つように努めながら、クリップ部分はタッカーの首輪に取り付けて、リードの輪の部分は自分で持つように説明しました。タッカーはとても忍耐強く、できる限り彼女を助けようとしました。

私たちは、犬に対してある行動をやめるように指示するとき、「エ！」とか「チ！」といった声を使います。犬に的確に意図を伝えるために、しっかりとした口調で短く、強く言う必要があります。犬はお互いに声を出してコミュニケーションをとるとき、相手を遠ざけるなら低い声、自分の方に来るよう呼びかけるときは高い声を出します。これと共通する声音を用いた手法です。

「では、みなさん。私の後に繰り返して」

私は自分が出せる一番きっぱりした声で「エ！」と言いました。

生徒たちは一斉に、適切な低い声で「エ！」と応えましたが、ウェンディの声だけは実に朗らかでした。この点を除けば優秀な生徒でしたが、これがウェンディにとって最大の課題でした。授業中だけでなく、タッカーのキャリア全体を通して、彼女はタッカーに厳しい口調で接することができなかったのです。幸いなことに、タッカーにこの口調が必要になることはありませんでした。

1か月後、私はフォローアップのために彼らを病院に訪ねました。そこで私は魔法のような光景を目にしたのです。看護師からウェンディのポケベルに「タッカーコール」がありました。がん病棟にいる患者が薬を飲めずにいるので来てほしい、とのことでした。ウェンディとタッカーは呼び出しに応えてすぐに向かい、私はその後についていきました。

病室に入る前から、廊下に子どものすすり泣く声が聞こえてきました。私たちが部屋に入ると、愛らしい4歳の男の子がベッドの上で膝を抱えて座っていました。泣きすぎて顔は真っ赤に、目は腫れ上がっていました。それなのにタッカーを見るなり、男の子は泣きやんだのです。

ウェンディは自己紹介をして言いました。

「ほら見て、タッカーもお薬を飲むよ」

「ね?」ウェンディは明るい笑顔で言いながら金色のカプセルを男の子に見えるように差し出しました。それは、タッカーの心臓と被毛に良いサプリメントでした。

「タッカーが薬を飲むところを見たい?」

男の子は熱心にうなずきました。タッカーは男の子が涙を拭うのをじっと見ていました。タッカーはどうすればいいか心得ていました。ウェンディがタッカーに座るように促し、カプセルを差し出しました。彼はそれをひと息に飲み込み、締めくくりに大きなげっぷをして尻尾を振りました。少年はクスクスと笑い出しました。

「さあ、次はあなたの番よ」ウェンディが言い、看護師が薬と水の入った紙コップを男の子に渡すと、少年はそれを飲み込みました。そして満面の笑みでタッカーを見やり、げっぷの真似をしました。

小児病院でのウェンディの仕事は、カウンセリングのほか、患者の病室や腫瘍科病棟、プレイルームを回診することでした。また、子どもに深刻な診断がされたときは、両親と面会し、心理的なサポートをしつつ、つらい知らせを伝えなければなりませんでした。

タッカーは常にウェンディに付き添い、病院中を歩き回りました。驚くほど患者に対しての勘が鋭く、子どもたちがその瞬間に何を必要としているのか、常に把握しているようでした。子どもが手術を受けるときは、手術室まで付き添って勇気を与え、手術が終わると彼らを癒しました。治療用の針を刺すときは子どもたちの気を紛らわせ、化学療法を受けている間はそっと寄り添いました。

タッカーはまた、リハビリテーションの間は、患者のやる気を高める手伝いをしました。子どもたちは、タッカーを抱きしめてやわらかな毛並みを触るというご褒美のために、もうひと頑張りしてタッカーに向かって歩いたり、手を伸ばそうとしたりすることがよくありました。タッカーからは、自分こそタッカーの一番のお気に入りだとみんなに思わせる、特別な存在感と意思が感じられました。

タッカーには子どもたちが大好きな面白い癖がありました。ひとつはひんやりとした病院の床で、クマの敷物のように大の字でうつ伏せになることでした。また、子どもたちをこの上なく喜ばせたのは、タッカーのげっぷでした。それを聞くと、居合わせた子どもたちはみんな、大笑いしました。タッカーのげっぷには医学的な理由が見つからなかったので、実はタッカーがげっぷをするのはみんなを笑わせるためだったのだと思います。タッカーは人を喜ばせるのが大好きで、笑ってもらえるためなら何でもしてくれる犬でした。

医療スタッフはタッカーの仕事ぶりを高く評価し、ウェンディはしばしば看護師や医師から「タッカーコール」で呼び出されました。多くの子どもたちは点滴の針を刺すことをとても怖がり、なかなかスムーズに行えずにいましたが、そこにタッカーが現れると雰囲気が一変しました。子どもたちがタッカーを撫でたり話しかけたりして気分を紛らわせると、緊張が和らぎ血管が広がるため、早く処置を終えることができたのです。子どもたち自身も気持ちが落ち着き、協力的になってくれる良さもありました。

タッカーはどんな状況にあっても動じませんでした。驚くほど自信に満ち、自制心がありました。私は一度だけ、ハロウィンの日に病院を訪れたことがあります。みんなが念入りに仮装をしている中、私は少し軽装すぎたかもしれないと感じるほどでした。私はホットドッグの仮装をしていたタッカーと、ケチャップの瓶の仮装姿のウェンディと一緒に病棟を訪問していました。その道すがら、エレベーターのドアが開いて、突然、身長7フィート(約2・1メートル)もある『スター・ウォーズ』のキャラクター、チューバッカに出くわしました。病院のチャプレン（訳注、教会以外の場所で、心のケアや宗教的ケアを行う聖職者）が仮装していたのですが、私はびっくりして床から1フィート（30センチメートル）ほど飛び上がってしまいました。着地した瞬間、私はタッカーを見ましたが、彼はいつものように落ち着いていて、チューバッカに尻尾を振ってフレンドリーな挨拶をしただけでした。たいていの犬は衣装を着せられることを好みませんが、タッカーはその意義を理解しているようで、うれしそうに笑いをとり、注目の的になっていました。

ウェンディはいくつかの役員を務めているため、1週間を通して様々な会議に参加していました。そのひとつが病院の理事会で、その会議は毎週月曜日の朝7時から開かれていました。毎回、20人ほどの医師が出席しているその会議に、彼女が初めてタッカーを連れていったとき、タッカーは部屋にいる他の医師たちを落ち着いて見回しました。ウェンディがコア材の長いテーブルの前に座ると、タッカーは彼女の横の席が空いていることに気づいて、ゆっくりと椅子に腰掛け、テーブルの周りに集まった医師たちを厳粛に見つめました。医師たちはみんな思わず笑ってしまい、それ以来、テーブルにはいつもタッカーのための席が用意されるようになりました。ときに議論が白熱すると、タッカーがげっぷをし、おかげでその場が和むことも少なくありませんでした。

タッカーはすぐに病院の顔となりました。彼はＳＮＳで何千人ものフォロワーを持ち、病院の新棟建設時の資金調達キャンペーンにも協力しました。古い駐車場が取り壊されるとき、タッカーは前脚でボタンを押して、爆破をスタートさせました。起工式が報じられたときは、タッカーが工事現場用のヘルメットとオレンジ色のベストを着て地面に穴を掘っている写真が新聞の一面を飾りました。

新棟のオープニング式典では、ＣＥＯが運転するオープンカーの助手席にタッカーが乗って登場しました。タッカーは悠然とした佇まいで、式典に集まった人々の歓声を浴びながら、おおらかな笑みを浮かべていました。ニュースで彼の様子を見たとき、私は思わず笑ってしまいました。なぜなら、彼は観衆が自分を見に集まってくれたと思っているようだったからです。そして、それは決して勘違いではなかったでしょう。

病院では毎年春になると、患者たちが正装して参加するプロムパーティーが開かれました。タッカーは毎年タキシード姿で出席し、プロムのお相手として子どもたちと記念撮影をしました。退院後も多くの子どもたちがタッカーと連絡を取り合いました。タッカーは彼らの多くにとって、入院中で一番心に残る思い出だったのです。

退院後も多くの患者は通院しながら治療を継続しますが、それを楽しみにしている子どもはいませんでした。しかし、タッカーに会えるから通院を楽しみにしている、という子どもたちの親からの報告が病院に寄せられ始めたのです。ケンドンという子のように、病院から出る機会がほとんどなく、毎日タッカーに会うのを楽しみにしている子どももいました。ケンドンはタッカーのお気に入りのひとりで、ケンドンが赤ちゃんの頃からの付き合いでした。タッカーはケンドンに耳の巻き毛を優しく撫でてもらうことと、彼のかわいい笑い声が大好きでした。

ケンドンの家族はハワイ島の出身で、みんな彼と同じようにタッカーを愛していました。ケンドンが2歳のとき、彼らはタッカーのファンクラブを立ち上げ、ケンドンは初代会長に任命されました。幼かったケンドンは入院中に話せるようになり、最初に発した言葉は「タッカー」でした。タッカーは誰にキスをせがまれても滅多にしなかったのですが、ケンドンだけは特別で、彼の頬や腕にこっそりキスしたくてたまらないようでした。そのたびにケンドンは思わず笑いながら言いました――「タッカー、くすぐったいよ！」。ケンドンの家族は彼が笑うのを見るのが大好きで、大きくて金色に輝くテディベアのようなタッカーが、彼をとても幸せにしてくれることに感謝していました。

ケンドンはよく、タッカーを抱きしめたまま眠りにつきました。タッカーはケンドンの胸に頭を乗せ、心臓の鼓動を感じていました。看護師たちは、タッカーと一緒にいるとケンドンの心拍数と血圧値が下がることに気づきました。

ある日、ケンドンにタッカーが寄り添っていると、その息からいつもと違うにおいがしたらしく、タッカーの鼻がピクピクと動きました。

タッカーは以前から、がん患者の多くから同じような刺激臭がすることに気づいていました。においが消えると子どもが元気になり、みんなが幸せになること。においが強くなると子どもの姿が見えなくなって、みんなが悲しむことも知っていました。

次の月曜日、タッカーはウェンディと一緒にケンドンの部屋に入ろうとして、入り口で立ち止まりました。彼のためらいに驚いたウェンディは彼を見下ろし、彼の鼻がピクピクしているのに気づきました。

彼は確かめるように何度もにおいを嗅ぎました。

においは強くなっていて、ベッドで寝ているケンドンの顔色はとても青白く見えました。

「タッカー、レッツゴー」ウェンディは部屋に入るように彼を促しました。ベッドにシーツをかけ、「タッカー、ジャンプ・オン（飛び乗って）」と言うと、「スナグル（寄り添って）」と言われる前に、タッカーはケンドンの隣で丸くなり、頬に優しくキスをしました。ケンドンは目をぱちりと開け、かすかな微笑みを浮かべました。

「タッカー、くすぐったいよ」彼はささやきました。その日、ケンドンの意識が遠のいたり戻ったりを繰り返す中、タッカーとウェンディはいつもより長い時間をケンドンと共に過ごしました。やがて、次の患者を訪問する時間が近づいたため、その場を離れなければなりませんでした。

「さようなら、ケンドン。また明日ね」ウェンディが挨拶をし、タッカーに言いました。「タッカー、レッツゴー」しかし彼はケンドンの胸に頭を置き、動こうとしませんでした。「レッツゴー」と彼女が繰り返し言っても、タッカーはじっとしたままでした。

彼女はタッカーがこのように自分の意思で行動することに理由があると気づいていました。これまでにも数回あったタッカーのこの行動は、旅立ちの日が近づいている子どもと一緒にいるときに見られるものでした。タッカーは子どもに残された時間が少なくなっていることをなぜか察知し、その子のそばを離れようとしなかったのです。タッカーの首輪を持ち、トリーツを使ってベッドから降りるように促しながら、彼女の目から涙があふれました。タッカーはドアの前で立ち止まって友人を振り返り、頭をうなだれてその場を後にしました。その日の午後、ケンドンは天国に旅立ちました。

ウェンディとファシリティドッグ　タッカー

その年の暮れ、ウェンディと私はアルゼンチンのブエノスアイレスで開催された介助犬についての国際会議に招かれ、その地域では新しい概念であったファシリティドッグについてのプレゼンを行いました。南米各地から医療関係者やドッグトレーナーが参加し、ファシリティドッグがもたらす身体的、心理的、感情的、社会的な効果や影響について学びました。ウェンディはタッカーの写真を交えながら、タッカーとケンドンの友情、そしてタッカーがケンドンの短い命にもたらした多大な恩恵について語りました。

その後、自国でのファシリティドッグ・プログラムの立ち上げに関心を持つ何人かの参加者に、情報資料を配布しました。

私たちはハワイに戻り、ウェンディはタッカーと共に仕事に戻りました。心理士として、彼女は患者のニーズを理解していると同時に、タッカーのニーズにも気を配りました。彼女はタッカーを1日2回散歩に連れていき、遊びの時間や昼寝の時間も定期的に設けました。タッカーは相変わらずココナッツで遊ぶのが大好きで、ウェンディはいつでもココナッツの実をタッカーのそばに用意しておきました。

毎週末にはたっぷり時間をかけて、ワイキキのカピオラニ公園を散歩しました。タッカーは他の犬に対して気どった様子を見せるところがあり、他の犬たちがタッカーと一緒に遊ぼうと誘ってきても、鼻を上げて顔をそむけ、おこがましいといわんばかりの態度を示しました。

ある日、公園内をいつもとは違うルートで散歩していると、タッカーが突然リードを引っ張り始めました。タッカーは普段、とても落ち着いてウェンディの横を歩くのが常ですが、そのときは尻尾を振りながら、ウェンディを引っぱって道から外れ、草むらを横切って走って行こうとしました。何に興奮しているのかと周囲を見回すと、イエローのラブラドール・レトリーバーがフリスビーを追いかけていました。その犬がフリスビーを誇らしげに飼い主に返そうとしていたところに、タッカーが挨拶をしに駆け寄りました。

「本当にごめんなさい」ウェンディは息を切らしながら、犬の飼い主を見上げました。

「大丈夫ですよ。でもセイディは他の犬と遊ぶのはあまり好きじゃないのです。彼女はフリスビーに目がないから」飼い主が笑い、ウェンディは彼の魅力的な笑顔に釘付けになりました。

タッカーは胸を地面につけ、お尻を宙に浮かせて、尻尾を素早く振る――犬が一緒に遊んでほしいときにするボディランゲージをしました。セイディも同じ動作をして彼と鼻を突き合わせ、突然くるりと振り返ると芝生の方へ走り出しました。タッカーが後を追い、ウェンディの指からリードがすり抜けました。

「彼女は――」「彼は――」

「――いつもは、こんなことはしないのに！」ふたりは同時に言い、笑い合いました。

「僕の名はバリー。彼女はセイディで10歳です」

「タッカーも同い歳。私はウェンディよ」犬たちが芝生の上を追いかけっこしたり、刈りたての草の上で転がったりしている間、彼らもまた、楽しくおしゃべりをしました。

犬たちがようやく疲れ果てたとき、バリーが言いました。「よかったら、また犬たちを一緒に遊ばせてあげてもいいかな。僕たちは土曜日のこの時間にこのあたりにいることが多いから」

「それはいいわね」ウェンディは答えました。「来週末に会いましょう」

「いい子ね、タッカー」ウェンディはささやいて歩き出しました。バリーをちらりと振り返ると、彼はにこやかに手を振っていました。犬たちが一緒に遊ぶのに付き合っているうちにやがて、飼い主同士のお付き合いに発展していきました。バリーとウェンディの関係は深まり、タッカーとセイディも大人の犬同士の新しい関係（ロマンス？）を楽しみました。

ある朝、私の携帯電話にウェンディから電話がかかってきました。いつもの明るい挨拶を期待して出ると、彼女の声は震えていました。

「タッカーの様子がおかしいと思うの」

「どうしたの？」私は胸が詰まりそうになりながら尋ねました。

「少し無気力な様子で、体重が2ポンド（約1キログラム）も増えたわ」

聞く限りにおいては、ささいな変化に思えて、私はほっと安堵のため息をつきました。

ぎゅっと握ると、彼女は演壇に近づきました。彼女は、タッカーが患者にとってだけでなく、彼女の人生にとっても最大の祝福であったことを語りました。

彼女の話を聞きながら、私は感謝の気持ちでいっぱいになりました。空港で初めてタッカーに会ったときのこと、そして彼の天職を見つけたクリスマスの朝のことを思い浮かべると、時が止まったように感じられました。タッカーには、出会う人すべてに対して、自分が祝福された特別な存在だと感じさせてくれる才能があったことを思い出しました。タッカーとウェンディが何千人もの心を動かしたことに心から感謝しました。エレインや、タッカーのスポンサーであるメアリーなど、今ここに至るすべてを実現させてくれた多くの人々に感謝しました。タッカー自身が自らの生涯を意義あるものにしたこと、それによって私の人生も意義あるものにする手助けをしてくれたことに永遠の感謝を捧げました。

ウェンディがスピーチを終えると拍手が起こり、牧師が「最後の登壇者は、アシスタンス・ドッグス・オブ・ハワイの創設者、モー・マウラーです。彼女はタッカーのトレーナーであり、タッカーを病院に連れてきてくださった方です」と言いました。

私は演壇に近づき、満員の教会にいる人々の顔を見渡しました。このときだけはいつになく落ち着いて、平穏な気持ちで参列者に向かって話し始めました。

「10年前、夫のウィルと私はタッカーを連れて初めてカピオラニ・メディカル・センターを訪れました。私クリスマスの日でした。タッカーはまだ子犬で、まるで大きなテディベアのぬいぐるみのようでした。私はすぐに、この子は子どもたちのために働く運命にあるとわかりました」私は深呼吸をして涙をこらえながら続けました。「タッカーは私にとって特別な存在です。なぜなら、私自身も幼い頃は病院で多くの時間を過ごしたからです。タッカーは私の最も古い記憶は病院でのものです。私は、みなさんの多くが経験したことに共感しています。タッカーが多くの子どもたちやそのご家族に祝福を与えてくれたことに感謝していま す」

ルールその10　クライアントの前では泣かない

美しいセレモニーが終わり、タッカーがもう私たちと共にいないことに、みんなが心を痛めていましたが、彼が私たち一人ひとりに与えた多大な影響について否定する人は誰もいませんでした。

私たちはマウイに戻り、ウィルはタッカーを偲んで、キャンパスに車椅子対応の美しいツリーハウスを建てました。タッカーのツリーハウスは、フリーダム・トレイルからすぐ近くにあるユーカリの木々の間にひっそりと佇む、夢のような場所にあります。心身の障害やがんと闘う子どもたちが、トレーニング中の子犬たちと一緒に過ごし、自然の癒しの力に包まれる場所です。グランドオープンの日には大勢の人が集まりました。

その1週間後、私はオフィスを掃除しているときに学生時代の古いバインダーを見つけました。ページをめくると、私たちがまだ駆け出しの頃に書いたものを見つけました。そこにあったのは、箇条書きにしたルールでした！　私はそれに目を通すと、当初目指したルールをことごとく破っていたことに気づき、思わず笑ってしまいました。これまでの時間を振り返ると、私とは異なる計画を神が立ててくださったことがよくわかりました。変化を受け入れる姿勢をなくさないこと、そして最も重要なポリシーである「悪い結果を怖れるあまり、良いことを成し遂げずに諦めてはいけない」を守り続けることで、多くの扉が開かれ、数多くの心に触れることができたのです。

翌年の春、ウィルと私はトレーニングを始めて間もない、生後2か月のゴールデン・レトリーバーのクインシーを連れてウェンディを病院に訪ねました。彼女はこれまで何十頭もの私たちの子犬に会ってきましたが、今回はサプライズがありました。

「この子には本当に特別な何かがあるのよ」クインシーを腕に抱えた彼女に私は言いました。

彼女は両目に涙をためながら「こんなにタッカーを思い出させる子は初めてよ」と言いました。

「それは、この子がタッカーの甥っ子だからだと思うよ！」ウィルが笑顔で言いました。

ウェンディはそのニュースに大喜びし、すぐに2頭の共通点を探し始めました。彼はタッカーと同じようにやわらかでした。広い額、大きな足、厚みのある耳もタッカーと同じでした！ウェンディが夢中になっている間、クインシーは仰向けになり、彼女の腕の中でリラックスしました。ウェンディはクインシーを見下ろして微笑み、よく見覚えのあるキラキラとした黒い瞳をのぞき込みました。クインシーもまた彼女を見上げて微笑み……そしてげっぷをしました。

ウェンディはその日、私たちを病棟に連れていってくれました。そして、白血病と診断されたばかりの10歳の素敵な女の子、アリーに会いました。彼女は点滴スタンド（訳注、点滴バッグや輸液バッグを吊るすためのスタンド）とモニターに囲まれながら病院のベッドに座っていました。ウィルがクインシーをそっと彼女の膝の上に置くと、彼女の晴れやかな笑顔が部屋を明るく照らしました。クインシーの運命がタッカーおじさんの足跡をたどり、この先何年も、アリーが行く旅路のかけがえのない一部となることを、そのときの私たちはまだ知りませんでした。

ファシリティドッグ　クインシーとアリー

エピローグ

信仰とは、望んでいる事柄を確信し、見えない事実を確認することです。
新約聖書『ヘブライ人への手紙』11章1節（新共同訳）

私が人生の舵を切り、夢を追いかけるために一念発起してから20年が経ちました。それ以来、私は200頭以上の素晴らしい犬たちと、「アシスタンス・ドッグス・オブ・ハワイ」のオハナの一員として素晴らしい人々と共に働く機会に恵まれました。

この「ワンダードッグ」たちが多くの人々の人生に変化をもたらしているのを見て、ウィルと私は、ワシントン州シアトル近郊にあるベインブリッジ島を拠点に新たなプログラムを設立しました。「アシスタンス・ドッグス・ノースウェスト」では、ワシントン州、オレゴン州、アイダホ州にお住まいの方々の手助けをしています。

本書で登場した人物や犬たちの近況について、みなさんが気になっているかもしれませんので少しお教えしますね。

タッカーがクリスマスの日に出会った患者のリリは全快し、タッカーとその生涯を通して厚い友情を育みました。彼女は現在大学生で、小児科医になるべく勉強中です。

ウェンディとバリーは結婚し、オレゴン州ポートランドに引っ越しました。ウェンディはウィニーという名のファシリティドッグをパートナーとして、重大な事件・事故の被害者や自然災害の被災者を支援する「アシスタンス・ドッグス・オブ・ハワイ」と「アシスタンス・ドッグス・ノースウェスト」の危機対応プログラムのディレクターを務めています。

ベイリーから始まった「シャイン・オン・キッズ」のファシリティドッグ・プログラムは日本国内での高まる需要に応えるため、２０１９年から独自の育成プログラムを開始しました。当初は私たちの元インターン、マリーナがトレーナーを務めていました。

私たちの最初のインターン、ケイトは作業療法士／博士となり、現在は「アシスタンス・ドッグス・オブ・ハワイ」と「アシスタンス・ドッグス・ノースウェスト」のファシリティドッグ・プログラムのディレクターを務めています。彼女は、ファシリティドッグのセラピー効果と動物介在介入に関する第一人者で、講演会に引っ張りだこです。

介助犬エマは引退し、オアフ島で老後を楽しんでいます。彼女は今でも毎日ビーチに行くのが好きです。リッチと彼の家族はパピーレイザーとしてボランティアをしており、デュークという子犬を育てています。彼は生後8か月の黒ラブで、すでにふさわしいパートナーを見つけたかもしれません！☺

サマーと彼女の介助犬、トルーパーは今も元気で、人生を謳歌しています。彼女の報告によると、トルーパーは今や彼女が指示を出す前に、彼女が何を求めているかがわかり、行動に移してくれるそうです。ふたりはワイナリーやラスベガスへの旅行を頻繁に楽しんでいます。会う人すべてに刺激を与え、喜びをもたらしています。

ゼウスは12歳になり、ブライアンと彼の家族と一緒に家でのんびりした生活を楽しんでいます。ゼウスの聴力は衰えましたが、ブライアンとはいまだにハンドシグナルを介して完璧なコミュニケーションをとっています。ブライアンは毎日ゼウスの写真をＳＮＳで公開しています。

私たちの最初の卒業生であるケイシーは、現在3頭目の、ウェズリーという名の献身的な黒いラブラドールの介助犬と暮らしています。ウェズリーは1日中、ときには必要のない場面でさえもケイシーを助けてくれます。ふたりはポートランドでケイシーの娘と孫娘と暮らし、オレゴンの海岸に行くのが楽しみのひとつです。

クインシーは卒業し、「カピオラニ・メディカル・センター」に配属されました。彼は長年にわたってアリーとアリーの家族との間に、特別な友情を育んできました。アリーは私にとってのヒーローのひとりで、勇敢で強くあることの意味を私たちみんなに示し続けてくれています。

最近、私たちの次世代ヒーローがマウイ島で生まれました。黒いラブラドール・レトリーバーのジョージア、ギジェット、ジジ、ギリガン、グレース、そしてグリフィンです。子犬たちにアルファベット順で名前を付け始めて、これで5周目となりました。私たちは20年前に初めて子犬を迎えたときと同じように、彼らに出会う日を心待ちにしています！

ウィルはベインブリッジ島にある「アシスタンス・ドッグス・ノースウェスト」のキャンパスの仕上げに、楽しそうに取り組んでいます。キャンパスは杉の原生林が広がる森、小川のせせらぎ、なだらかな緑の芝生、アヒルの池に囲まれた夢のように素敵な場所にあります。車椅子で全体を巡ることができ、3エーカー（約1万2000平方メートル）の広大な敷地はまさに子犬の楽園です。

私はといえば、現在、新型コロナウイルスを探知する方法を犬に教えるという、新たな研究の真最中です。犬にはまだ、困っている人々を助けるための未知の可能性がたくさん存在していると私は信じています。次にどんな発見ができるのか、よく考えています。

本書に登場するチームの詳細や活動中の動画は、私たちのウェブサイト、www.assistancedogshawaii.orgとwww.assistancedogsnorthwest.orgでご覧いただけます。また、フェイスブックやインスタグラムでお気に入りのチームやトレーニング中の子犬をフォローすることもできます。

障害やその他の特別なニーズを持つ子どもや大人たちを、より多くのワンダードッグが助けられるようにしたいと思ってくださる方は、私たちのミッションへの支援をご検討ください。ご寄付はすべて税金控除の対象となり、より多くの介助犬やファシリティドッグの生涯のフォローアップ・サポートを無償で提供するために役立てられます（訳注、原書ママ。アメリカに住む人への呼びかけ）。

2021年　モーリーン・〝モー〟・マウラー

ウィルとモーと４頭のトレーニング中のヒーローたち
Courtesy of Sharon Dahlquist, Sharon Dahlquist Photography

〈日本語版オリジナル付録〉

ありがとう
ベイリー

Thank you Bailey

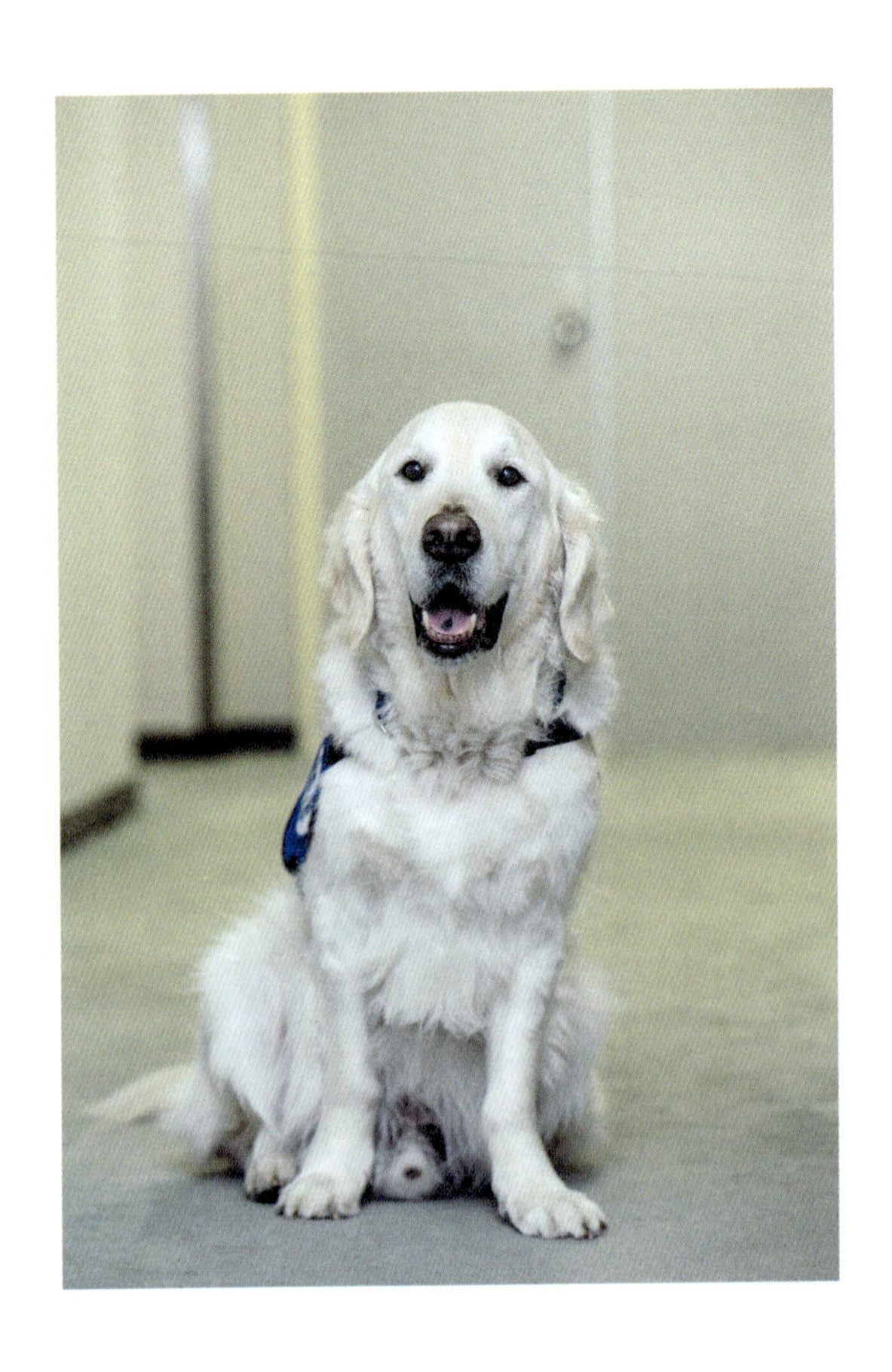

「13／ベイリー、日本へ行く」で紹介されているとおり、ベイリーは日本初のファシリティドッグとして、2010年に静岡県立こども病院で活動を開始。2012年7月に神奈川県立こども医療センターに移り、2018年10月に引退するまで、延べ2万2585人の入院中の子どもたちに寄り添い、励まし、笑顔にしてきました。多大なる功績を残したベイリーは2020年10月1日に虹の橋を渡りましたが、今でもたくさんの人たちの心を温かく包み込んでいます。ベイリーが切り開いた道は、後進のファシリティドッグたちにしっかりと引き継がれており、彼らは小児がんや重い病気と闘う子どもたちとその家族を日々支援しています。

この付録「ありがとうベイリー」では、日本語版のオリジナル企画として、ベイリーと深い絆を結んできた方々から、メッセージや思い出の写真を寄せていただきました（企画：特定非営利活動法人シャイン・オン・キッズ）。

すべてを変えた日本初のファシリティドッグ

キンバリ・フォーサイス／特定非営利活動法人シャイン・オン・キッズ　創立者、理事長
翻訳・鈴木弥生

私が出会った初めてのファシリティドッグは、ホノルルのカピオラニ・メディカル・センターで活躍していた、素晴らしいファシリティドッグ、タッカーでした。

これが日本のタイラー基金（シャイン・オン・キッズの前身）という団体でファシリティドッグ・プログラムを立ち上げるきっかけとなりました。そこから「アシスタンス・ドッグス・オブ・ハワイ（ADH）」のエグゼクティブディレクターであるモー・マウラーさんに会い、私たちの団体のためにトレーニング済みの犬を提供していただくこと、臨床経験のある看護師兼ハンドラーをハワイで研修させていただくこと、そしてその犬が病院で働くことになったあかつきには、ADHスタッフと一緒に来日し、フォローアップをしていただくことなどの交渉を進めました。そしてモーさんの説得に何とか成功し、この画期的な取り組みに協力いただけることになりました。ADHは熟考の末、ベイリーを選び、団体として初めて犬を日本へ送ることに決めました。私はベイリーのハンドラーとして選ばれた、小児病院の看護師の森田優子と一緒に研修を受けるため、マウイに向かいました。このチーム・トレーニング・キャンプと呼ばれる2週間の研修は、ハンドラーと犬のチームを作り上げるための最初の重要なステップです。

当時、私はファシリティドッグが日本の小児病院に入院している子どもたちやそのご家族のケアを変えることができると強く信じ、２００パーセントの力を尽くしてでも実現させると心に決めていました。しかし実は私自身、それまで犬と一緒に住んだ経験がありませんでした。根っからの猫好きで、犬がそれほど好きではありませんでした。単に触れ合った経験がなかったからなのですが、ゴールデン・レトリーバーのような大型犬は、むしろ怖いとさえ思っていました。そんな私が、森田と一緒にベイリーとのトレーニングを受けるというのはおかしな話だったかもしれません。これまで犬との実技トレーニングを受けた人たちの中で、きっと私は最も不安げな受講生だったはずです。でも、ベイリーは素晴らしかった。リードを通じて私の自信のなさや、トリーツを差し出した手から私の中の違和感を、ベイリーは感じ取っていたに違いありません。しかしたった1日で、そうした気持ちはすっかり消え去っていました。「スナグル（寄り添って）」や「ラップ（人の膝に犬が両前足を乗せる行動）」といったキューを練習する間、ベイリーと床で添い寝をしながら、私の中にあった不安が驚きと喜びに変わっていくのを感じました。

ひょっとしたら私自身、日本でファシリティドッグ・プログラムが成功するかどうか疑問があったかもしれません。でも、ほんの数日ベイリーとトレーニングをしただけで、その考えは吹き飛びました。ベイリーは魔法の力を持っていて、きっと周りにいる人たちすべてに魔法のようなケアをしてくれると思ったのです。２週間のマウイでの研修が終わり、残念ながらベイリーと離れる日が来ました。それからはパートナーとなる優秀なハンドラーの森田と一緒に住むことになっていたからです。ですが幸いにも、ベイリーが活動を始めて数年は、週末や休暇などにベイリーの世話を家族でさせてもらうことが何度もありました。

ベイリーを超える犬は存在しないと思ってはいましたが、ベイリーの虜になってしまった経験も忘れられず、家族でゴールデン・レトリーバーをペットとして迎えることにしました(先住の猫もいましたが)。今ではきょうだい同士でもある2頭目、3頭目のゴールデンと暮らしていて、もはやこの尊い犬たちのいない人生は考えられません。同じように、プログラムを導入している病院でも、もはやファシリティドッグのいない病棟なんてありえないと感じているはずです。今、この素晴らしい犬たちがいるのも、すべて最初の、唯一無二のベイリーがいてくれたおかげなのです!

ありがとうベイリー。
あなたはこの国の見方や考え方を、たったひとりで変えてしまいました!
私たちはベイリーが大好きです。尊敬しています。
そしてやっぱり、今もあなたに会いたいです!

ベイリーと(2009年11月、ADHにて)

人の気持ちに寄り添う犬、ベイリーに感謝を

森田優子／特定非営利活動法人シャイン・オン・キッズ
ファシリティドッグ・ハンドラー

ベイリーと出会ったのは、２００９年11月、ハワイ・マウイ島の「アシスタンス・ドッグス・オブ・ハワイ」でした。ハワイの太陽を浴び、真っ白い毛がキラキラと輝いていました。「なんて美しい犬なんだろう……」これが、日本初のファシリティドッグとなった「ベイリー」を見た第一印象でした。ハワイでの共同トレーニングが終わり、日本でベイリーとの生活が始まりました。

当時は珍しかった、白いゴールデン・レトリーバー。それだけでも人の目を引くのですが、長い尻尾を優雅に振りながらぴったりと私の横を歩くベイリーに、「いつもお利口にお散歩してますね」と通りすがりの人に声をかけられることも多く、私も自慢げに胸を張ってベイリーと散歩をしていました。そんなベイリーですが、歩きながら鳥に気を取られてバス停のベンチにぶつかり、「何するんだよ」って目でベンチを見ていたり、田んぼに転落してしまったこともありました。そんなベイリーのお茶目な部分も、たまらなく愛おしく感じました。

普段はお利口に歩くベイリーですが、突然立ち止まり動かなくなることがありました。バス停に並んでいる人たちを見つけると、誰かに撫でてもらうまで動かない。美容室の中の人と目が合うとその人をじっと見つめて動かない。そんなことがあったのですが、それは、世界中の人間が自分のことを待っていると

活動中、そしてお休みの日のベイリーと

思っていて、人の表情や目線をよく観察しているからなのだとわかりました。

ベイリーは、本当に人の気持ちを読み取る力に秀でていました。

訪問した子が元気なときにはベイリーも元気に接し、元気がないときにはそっと静かに寄り添っていました。親御さんが落ち込んでいるときにはいつもと違う行動をし、「なんでわかったの？」とよく言われていました。

ベイリーは、清潔に行わなければならない検査や処置に付き添ったり、手術室やICU（集中治療室）にも出入りするなど、これまでの日本の医療現場では考えられない前例を作り続けてくれました。日本の医療界の常識を変えてきました。

数えきれないほどの子どもたち、ご家

族に笑顔と希望を届けてくれました。

そして、後任となるアニーを迎え、アニーの良きお兄ちゃんになってくれました。

さらには、ベイリーの活躍のおかげでその必要性が認知され、日本国内でのファシリティドッグ育成も始まるなど、活動を開始した当初では信じられないことが起きました。

元気に13歳を迎えられると思っていたとき、突然ベイリーの体調が悪くなりました。

獣医さんで調べてもらうと、肺が白くなっていて熱があるということで、治療を開始しました。2週間後の2020年10月1日、ベイリーが旅立つその日の朝まで、ベイリーは治るものだと思っていました。

でも亡くなる2時間前、ベイリーの様子から、これはもう元気なベイリーには戻らないのだと悟りました。

それからずっとベイリーを抱きしめていました。

亡くなる直前、とっさに「これまでありがとう。お空にいるみんなによろしくね」とベイリーに伝えていました。

それと同時にベイリーはお空に旅立ちました。中秋の名月の日でした。お月さまを見ると、ベイリーに会える気がします。

お空には、ベイリーのことが大好きだったたくさんの子どもたち、ベイリーがお世話になった恩人の先生、犬友だちがいます。

きっと、冒険が大好きなベイリーは、世界中の楽しい場所を、みんなを引き連れて探検していることでしょう。


亡くなってちょうど2週間になる日、ベイリーは初めて夢に出てきてくれました。家でいつも寝ていたベッドに座り、にこ~っと、犬だけど人間のように、とても幸せそうに笑いかけてくれました。

「お外のベイリーは死んじゃったけど、お家のベイリーは生きているんだね」とベイリーに話しかけたところで目が覚めました。ベイリーが亡くなってから、ベイリーの骨壺を手の届くところに置かなければ眠れなくなっていた私の体全体が、ほわーっとあたたかくなっていました。

ただの夢ではない。絶対にベイリーからのメッセージだと確信が持てました。


どこまでもどこまでも、ベイリーには参ってしまいます。

神様からの使いだったのかなと思うほど、素晴らしい子だったベイリー。

本当にありがとう。お空でも楽しく過ごしてね。

子どもたちとベイリーは私の教科書

加藤由香／静岡県立こども病院　看護師、がん化学療法看護認定看護師

ベイリーとの思い出はつきません。骨髄検査を「ベイリーと一緒に寝られるから楽しみ」と言わせてしまう、大嫌いなお薬をあっという間に飲ませてしまう、凄腕の医療者（犬）です。

個人的に最も思い出深いのは、私とお誕生日が一緒で、スタッフが一緒にお祝いしてくれたとき、初めて食べるわんこケーキに大興奮で、お皿を割ってしまったことかな？（笑）

ベイリーが大好きすぎて、私の担当の思春期の子どもたちが院長室に突撃し「ベイリーを毎日出勤させてください」と直談判したこと、不安で押しつぶされそうなお母さんが、集中治療室に入る前にただただベイリーを抱きしめて泣いて、笑顔になって部屋に入っていったこと、検査の前で緊

ベイリー（左）とベイリーの後任として日本にやってきたヨギ（右、「10／ヨダ、希望の星となる」参照）と病院内にて

張しているはずなのに「今日はベイリー独り占めだ！　うれしいな」と子どもがケラケラ笑っていたこと……。

どんなことを思い出しても、ベイリーの横には、笑顔の子どもたちや家族、そして医療者がいます。私にたくさんのことを教えてくれたベイリー。私の看護の教科書は子どもたちとベイリーです。

小児がん医療は「cure is not enough（治すだけでは不十分）」である、ということがどういうことかを、ベイリーは私に教えてくれました。病室ではしゃいで笑ってもいい、病院が楽しいところであってもいい、犬がいたっていい、治療中の子どもが子どもらしくあるために、ベイリーはいつも子どもの目の高さで、そばにいました。

そんなベイリーを尊敬するとともに、大好きです。

医療者としての思い、ベイリーを迎えた病院の日々

平野友子／静岡県立こども病院　元看護師長

今から遡ること十数年前、私が外科病棟の看護師長として勤務していた頃のこと。某医師からファシリティドッグ（当時はセラピードッグと呼んでいました）を当院に導入できないかと相談されたことがきっかけで、ハンドラーの森田優子さんに同伴されたベイリーと出会うことができました。当時からベイリーには不思議な力があり、一緒にいるだけで癒される、オーラのようなものを感じました。

心理学領域でも様々な実験により検証されていますが、子どもたちは私たち大人よりも1日を長く感じています。まして、入院中の子どもたちは、家族と離れているばかりか、苦しい治療に耐えなければなりません。そんな子どもたちにとって、ベイリーの存在はひと筋の光でもありました。依頼を受け、さっそく私たちは看護師、医師、メディエーター（患者と医療者の対話の仲介役）を含む数人の医療チームによるベイリー導入計画を始動させました。

導入にあたり障害となるものは何か、それらをどう乗り越えるかをみんなで議論しました。感染症、アレルギー、事故など、いくつかの障害は予想できましたが、当時の私は大丈夫、乗り越えられると変な自信を持ち、臨んだことを覚えています。ベイリーの成育環境や現在の管理状況から感染症は回避できると判断し、アレルギー発症に関しても対象を厳選することで防止できると考えました。また、突発的な事故が生じないよう、導入中は医療者が付き添うなど、病棟内でも対応方法を検討し、職員全員で情報を共有しました。

私たちが提案した計画は準備に時間を要しましたが、病院内の管理者会議でも賛同を得ることができました。導入にあたり、良いことばかりではなく否定的な意見もありました。しかし、後押しをしてくれたある医師の存在が大きく、私はその医師がいなければスムーズな導入は困難だったと感じています。導入当日、ベイリーは大きな尻尾をゆったりと振り、子どもたちが待つプレイルームに入っていきました。

仕事モードのベイリーと、仕事から解放されたベイリー。びっくりするくらい切り替えが早いベイリーはとても魅力的な存在でした。オフのベイリーにとって、ハンドラーの森田さんはときに母であり、姉のような存在でもありました。いつも森田さんの傍らにはベイリーが寄り添っていました。英会話教室では、私たちのレッスン中、まるで空気を読んでいるかのように静かに机の下に横たわり、終わるのを待っていました。また、病棟の看護師たちとバーベキューに行ったときには、みんなとじゃれ合ったり、川で泳いだりと、はち切れそうなベイリーの姿がありました。私たちはオンのベイリーもオフのベイリーも大好きでした。

ベイリーは子どもたちに夢と勇気をくれました。病気のためにベッドから離れられない子どもたちにはベッドに寄り添い、つらい治療はベイリーが付き添うことで続けることができました。手術室にも同行し、手術に対する不安を軽減させてくれました。子どもたちとの目に見えない絆は、癒しだけに留まらず、病気を乗り越える力になってくれたのです。そんな子どもたちの変化は、ご家族にも良い影響を与えてくれました。ベイリーによって、病棟内の空気感は確実にやわらかくなりました。治療する子どもたちとご家族、ご家族と医療者、医療者間の緩衝剤ともいえるベイリーはとても貴重な存在でした。

たくさんの贈り物を残してくれたベイリー、あなたと出会い触れ合うことができた私たちはとても幸せでした。あなたを思うとき、いつも胸があたたかくなります。いつかまた、生まれ変わって出会える日がくると信じています。たくさんの想い出をありがとうございました。

少女に寄り添ってくれたベイリー

小倉妙美／静岡県立こども病院　医師

当時8歳だった彼女は、検査のために処置室に行くときも、手術室に行くときもどうしても部屋に向かう一歩が踏み出せず、いつもベッド上で毛布を握ってうつむき、静かに涙を流していました。検査はこれからも続くし、無理やりやって恐怖体験の記憶だけが残るのは、本人はもちろん、家族も我々医療者も望んではいないことでした。

当院では、国内で初めてファシリティドッグが導入され、病棟を訪問してくれていました。彼女は犬が大好きで、ベイリー君が来るといつも握っている毛布を手放し、優しく撫でているときの表情は、涙を流し、ぎゅっと毛布を握っているときとは別人のようでした。

「ベイリー君に検査について来てもらえないですか」「手術室に一緒に来てもらうことはできますか」という提案を、ハンドラーの森田優子さんは快く引き受けてくださっ

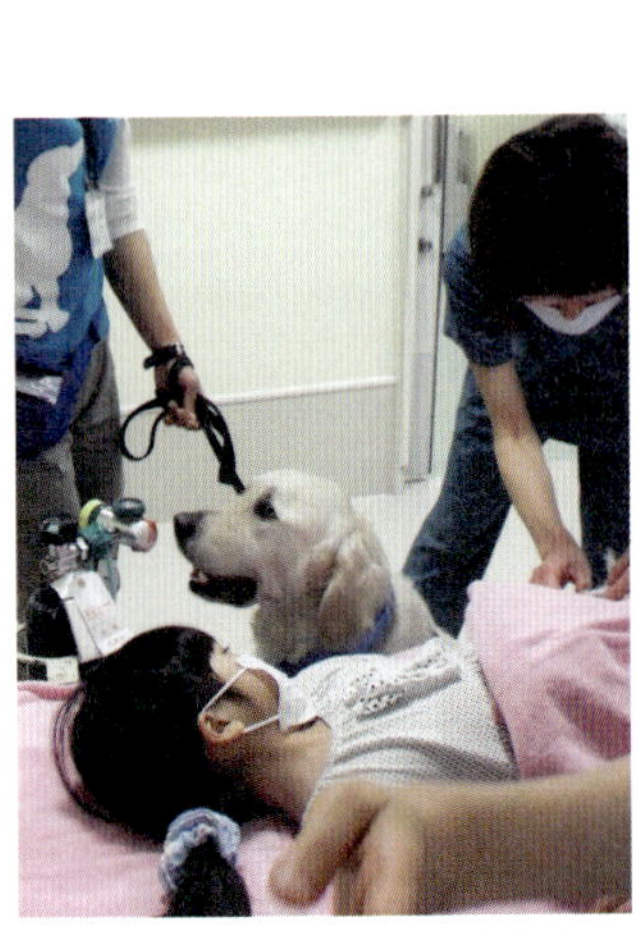

右：ベイリーのリードを手にして、一緒に処置室へ向かう
左：検査中に寄り添ってくれたベイリー

ただけでなく、彼女にリードを渡してくれました。リードを持つ彼女は、ベイリー君について来てもらうというよりは、導いてもらっているようでした。あれほど嫌がり、説得に数時間かかっていたのがウソかのようにスムーズに行えるようになったのです。検査が終わった後に、ベッド上でベイリー君と一緒に寝ている姿はとても微笑ましいものでした。

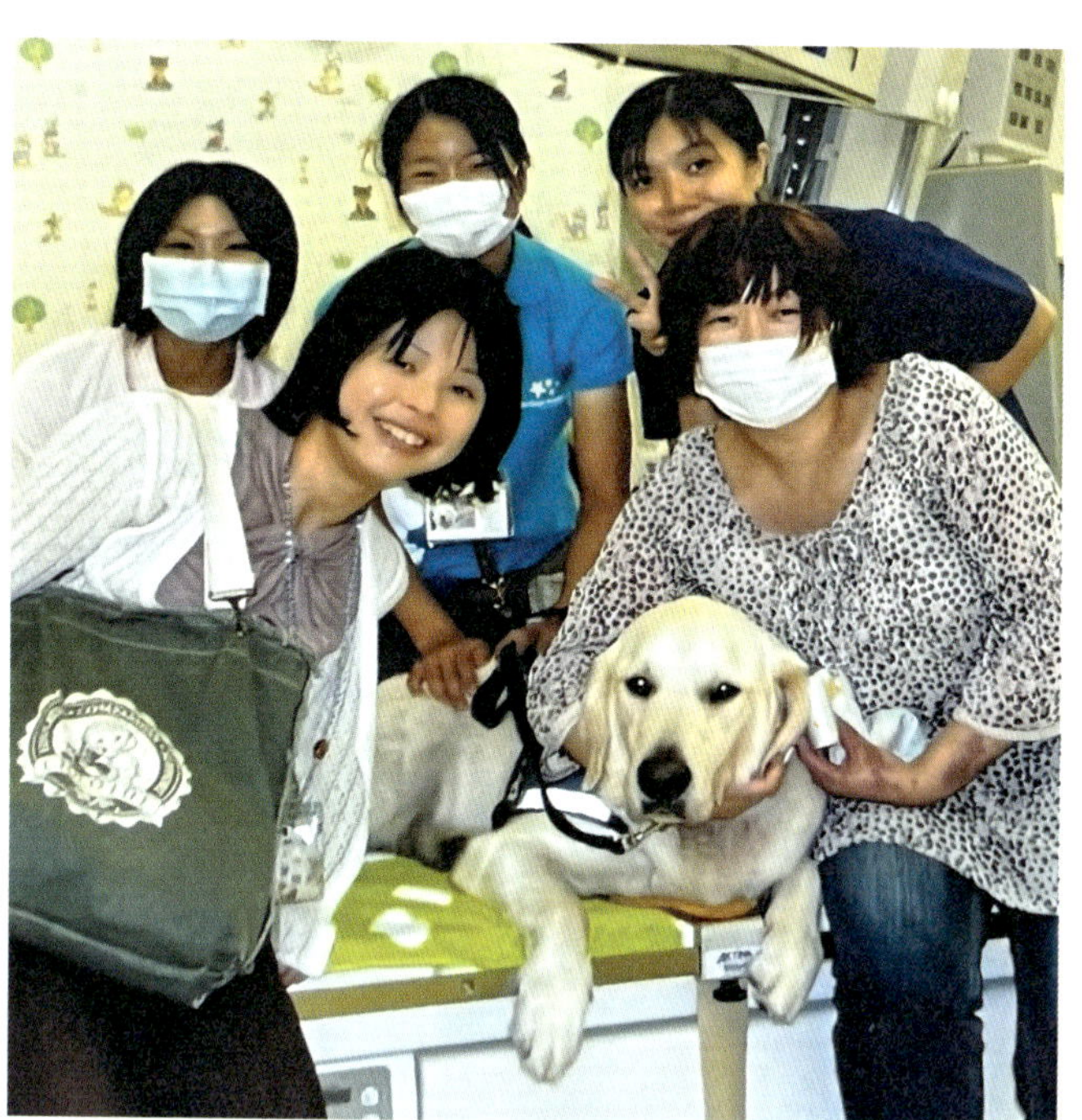

ベイリー、患者のご家族（前列右）、病院スタッフ（前列左、後列左）、ハンドラーの森田さん（後列中央）と小倉（後列右）

当時は、恐怖体験となって残らなければ良いなと心配していましたが、彼女は今、看護師になって働き始めています。ベイリー君のおかげで、彼女は医療現場がつらい記憶だけの場ではなくなったのだと思います。それまでの私にとって、ベイリー君は病院にいる『ワンちゃん』でしたが、『ファシリティドッグのベイリー君』に変わったきっかけにもなりました。

Bailey's Memory Album

写真：特定非営利活動法人シャイン・オン・キッズ

旅先でのひととき

「そっちには行きません！」と頑として動かないベイリー

浜辺ではしゃぐ

ドッグランで泥だらけに

リラックスした表情でくつろぐ

アニー（左）とベイリー。公園にて満開の花を前にご機嫌！

右：ベイリーのお見舞いに集まった仲間たち
左：アニー（左）とベイリー。ハンドラーと
　　季節の風を感じながらお散歩中

アニー（左）とベイリー。ハンドラー宅にてまどろみのひととき

ベイリーがつないでくれた縁

宇佐美恵悟／元患者

私が、ベイリーと最初に出会ったのは、小学生の頃です。そのとき、私は病院に犬がいる驚きと、吸い込まれるような優しいベイリーの瞳に不思議な力を感じたことを、今でも鮮明に覚えています。病院で知り合った友人とは、いつもベイリーの話をしていました。そんなベイリーとの出会いの中でたくさんの思い出がありますが、一番心に残っているのは、中学の弁論大会のことです。

私は、ベイリーを題材として「ファシリティドッグの存在と必要性」そして、ベイリーが教えてくれた「相手の心に寄り添うこと」を全校生徒へ伝えました。すると発表後、同級生や先輩から「ベイリー」と呼ばれたり、「テレビでベイリーの特集を観たよ」と多くの人が私に声をかけてくれるようになりました。また、中学の同窓会で卒業以来の友人や先生方とベイリーの話題になり、私が発表したベイリーの話を覚えていてくれたことに驚き、そして、うれしく思いました。私は病院以外の場所で、たくさんの人にベイ

リーの存在を知ってもらえて大きな喜びを感じました。

そんなベイリーの輪は、外の世界へ広がっていきました。ベイリーのファンだと伝えてくれた高校の先生、ベイリーの後輩犬やシャイン・オン・キッズの方々、他にもたくさんの人と出会うことができました。ベイリーは私に多くの人との縁をつないでくれました。そして、人へ自分の想いを伝えていく大切さも教えてくれました。

そんなベイリーとの出会いから10年が経ち、私は今、20歳を迎えました。20歳になった私は、一歩が踏み出せない、やりたいことができない、そんな私の病気と心に向き合い、悩み、長いトンネルの中にいます。そんなとき、不思議とベイリーの力を感じます。白い大きな尻尾をゆっくりと振りながら、穏やかな優しい瞳で、あたたかく私の心に寄り添ってくれているように感じるのです。どんな苦しい状況でも、前を向いてゆっくりと自分のペースで進んでいきたいと思います。きっと、そんな私をベイリーは見守っていてくれるでしょう。

娘に勇気をくれたベイリー

芹澤摩咲／元患者・芹澤りのんさんの母親

今から13年ほど前、４歳だった娘が発症したのは白血病。病気で生活はガラリと変わり、大好きな幼稚園に行けなくなり、家にも帰れない、吐き気と闘いながら飲む薬、絶食、安静、いろいろな検査、次々と経験したことのないつらさや痛みが降りかかってきました。次第に笑顔が消え、痩せ細り、ぐったりする姿……。

もう治療をやめさせたい、誰にも会いたくないと思ったこともありました。心穏やかになれない私たちを癒し、病気と闘い続ける気持ちを最初に与えてくれたのがベイリー。ふっさふさな体を、ただただ撫でさせてくれたこと、今でもよく覚えています。

病室では、森田優子さんの指示に従う、賢いおっとりしたベイリーも、おやつを見ると機敏で食いしん坊な犬に変身。それが楽しくて、ふたりのファンになりました。まず

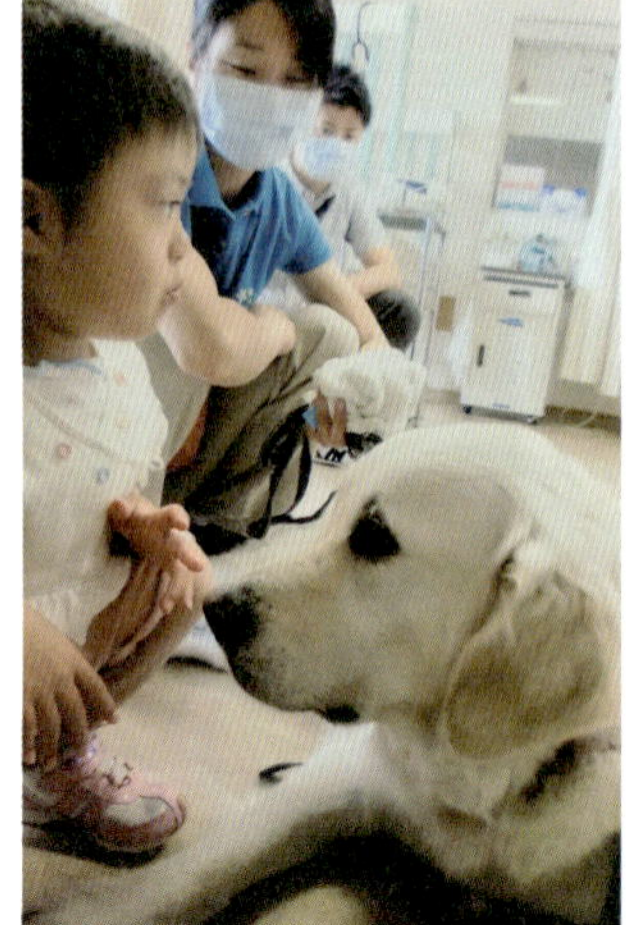

い薬も、食べたくないときのひと口も、大好きなベイリーに会えるから頑張れました。

ベイリー、今何してるかな？　まだ来ないかなぁ？　と病気のことを忘れられる時間も増え、度重なる入院にはベイリーに食べてほしいおやつを持って挑みました。つらい検査のときにだけ会う麻酔科の先生とも、病院内の誰とでも、ベイリーの話題で緊張がほぐれました。不安な毎日だったはずですが、思い出すのは、寄り添い、前へ進む勇気をくれた私たちのヒーロー、ベイリーと森田さんのことばかりです。

ダウン症という知的障害のある娘は、当時のことをどう理解しているかわかりませんが、「大変だった。頑張った。おやつあげたね、ベイリーのよだれいっぱい森田さん拭いたね。楽しかった。ベイリーと森田さん優しい、好き」と記憶しています。

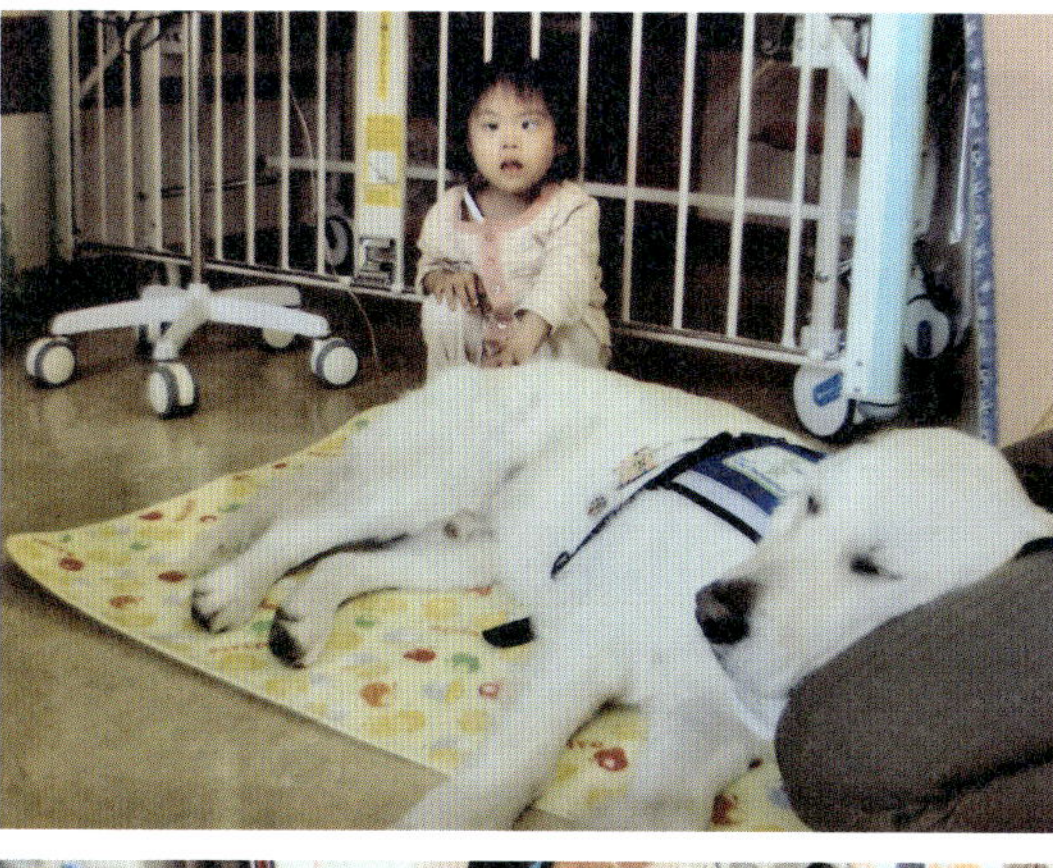

ベイリーが支えてくれた日々

山本みあ／元患者、看護師

ベイリーと初めて出会ったのは、8歳くらいのときです。きっかけとなったのは、私が手術当日に怖くてなかなか手術室に入れないでいたところへ、主治医がベイリーを紹介してくれたことです。ベイリーと出会った直後は、ベイリーはまだ病棟の共有スペースでのみ、数分間だけ会える存在でした。

その後、ベイリーが病棟内の病室の中まで入れるようになり、入院期間中の大きな検査や治療のときには、ベイリーと一緒に散歩しながら（ベイリーのリードを持ちながら）検査や治療の部屋に向かっていました。また、麻酔が必要な処置のときは、麻酔がかかるまで私の手が届く範囲にベイリーがいてくれ、処置が終わった後、まだ麻酔が切れていない私の横で一緒にベッドで添い寝もしてくれて、本当にうれしかったし、心強かったです。検査や治療がないときでも、毎日病室に来てくれて、ベイリーにおやつをあげたり、おもちゃで遊んだりして、入院中のストレスや体がだるくてしんどいことも忘れられました。

ベイリーに出会う前は、検査室に入ったり、検査台に乗ることに対して大きな恐怖心があったのが、ベイリーと出会ってからは、怖かった検査や治療なども頑張れるようになっていました。ベイリーがいてくれたことで、つらい時期を乗り越えることができ、今は看護師をしています。ベイリーには、そばにいてくれるだけで、不思議と勇気づけられるような、そんな力があると今では思います。ベイリーの力には及ばないですが、入院中で気分が落ち込みやすい患者さんの力になれるように、頑張っていきたいと思います。

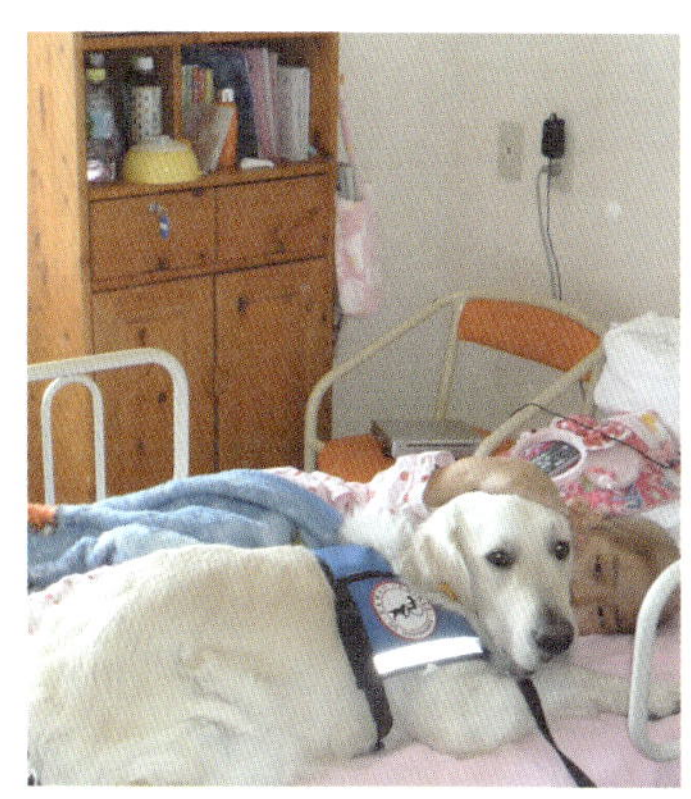

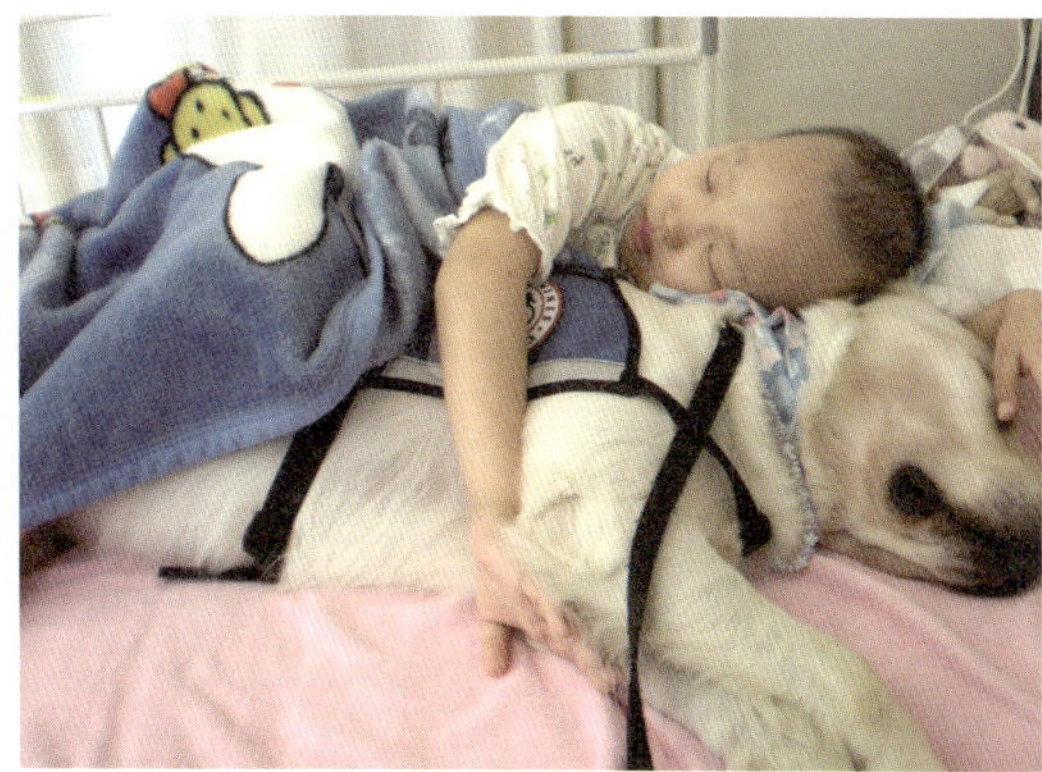

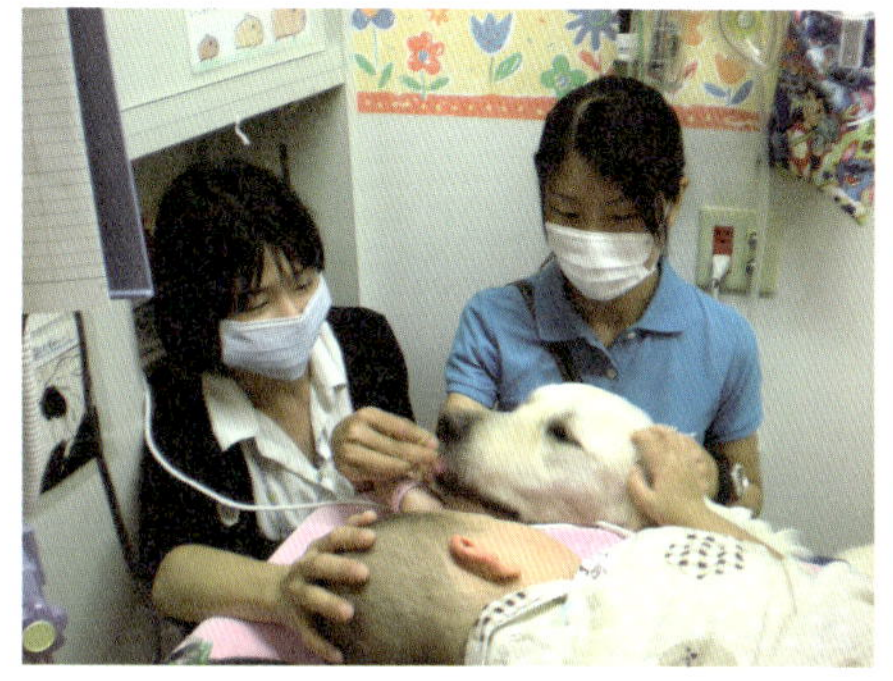

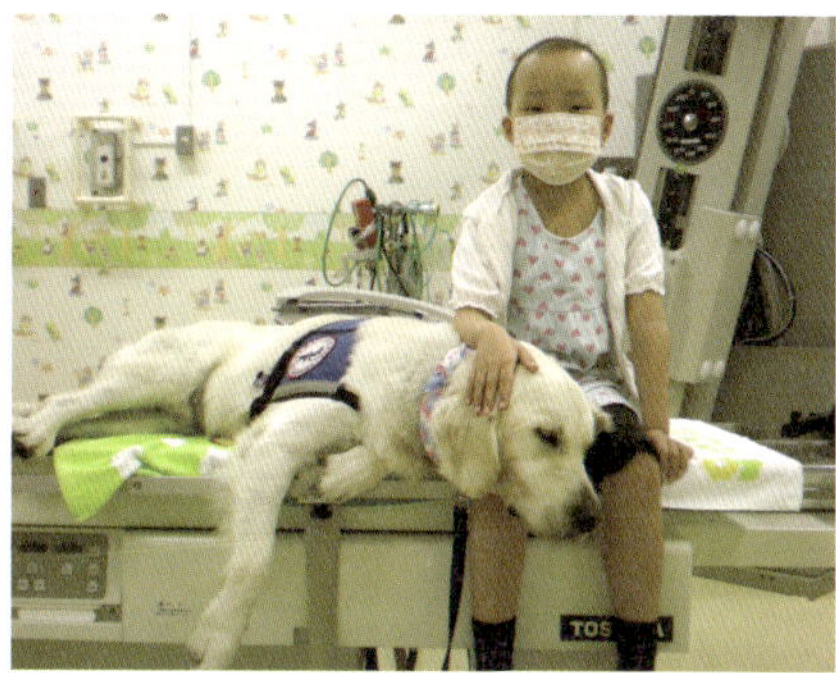

治療前も治療中も付き添ってくれたベイリー

イベントにもベイリーと

息子に笑顔をくれたベイリーに感謝を

寺尾ゆづきの母／元患者の母親

私たちが初めてベイリーに出会ったのは、まだファシリティドッグのお試し期間が始まったばかりの頃でした。病院に犬がいる！　とびっくりしたのを覚えています。

ゆづきは当時、とても大きな手術を終え、ＰＩＣＵ（小児集中治療室）を出ることができない状態で、家族と離れ、小さな体でつらい治療を受け、管をたくさん付けられて身動きするのもままならず、不安や寂しさ、心細さでいっぱいだったと思います。

そんなときにベイリーがＰＩＣＵの入り口まで来てくれました。動物好きだったゆづきがとてもうれしそうに、不自由な体を必死に動かして触ろうとしていたのが印象的でした。

その後、ベイリーが来るかも！　とＰＩＣＵの入り口のガラスに顔を擦りつけて待つようになり、ベイリーがＰＩＣＵの中まで入って触れ合いができたときは本当に楽しそうでした。長期の病院生活でつらい表情ばかりでしたが、ベイリーと触れ合うようになり笑顔が出るようになりました。ベイリーと過ごす時間だけはつらさや寂しさを忘れることができて、心の支えになっていました。

残念ながら治療のかいなく病気が進行してしまい、残された時間を家族で過ごすため、退院を選びました。退院後もわずかな時間でもベイリーが最期まで寄り添ってくれて、ゆづきはとてもうれしかったと思います。ベイリーはゆづきにとって唯一の親友であり、戦友であり、心の拠り所でした。

ゆづきは2歳10か月までしか生きることができませんでした。ゆづきの短い人生の2年近くは入院治療でした。そんな中、ベイリーの存在にどれほど救われて、つらい病院生活にも楽しみが見つかったか。感謝してもしきれません。ゆづきがお空へ行った後もベイリーのお話をする機会をいただき、ゆづきは今でもベイリーへの恩返しに宣伝部長として、そして一番の応援隊長として役目を果たしていると感じます。あの子の人生がつらい病気だけでなくて本当に良かった。かけがえのないファシリティドッグとの時間をありがとうございます。

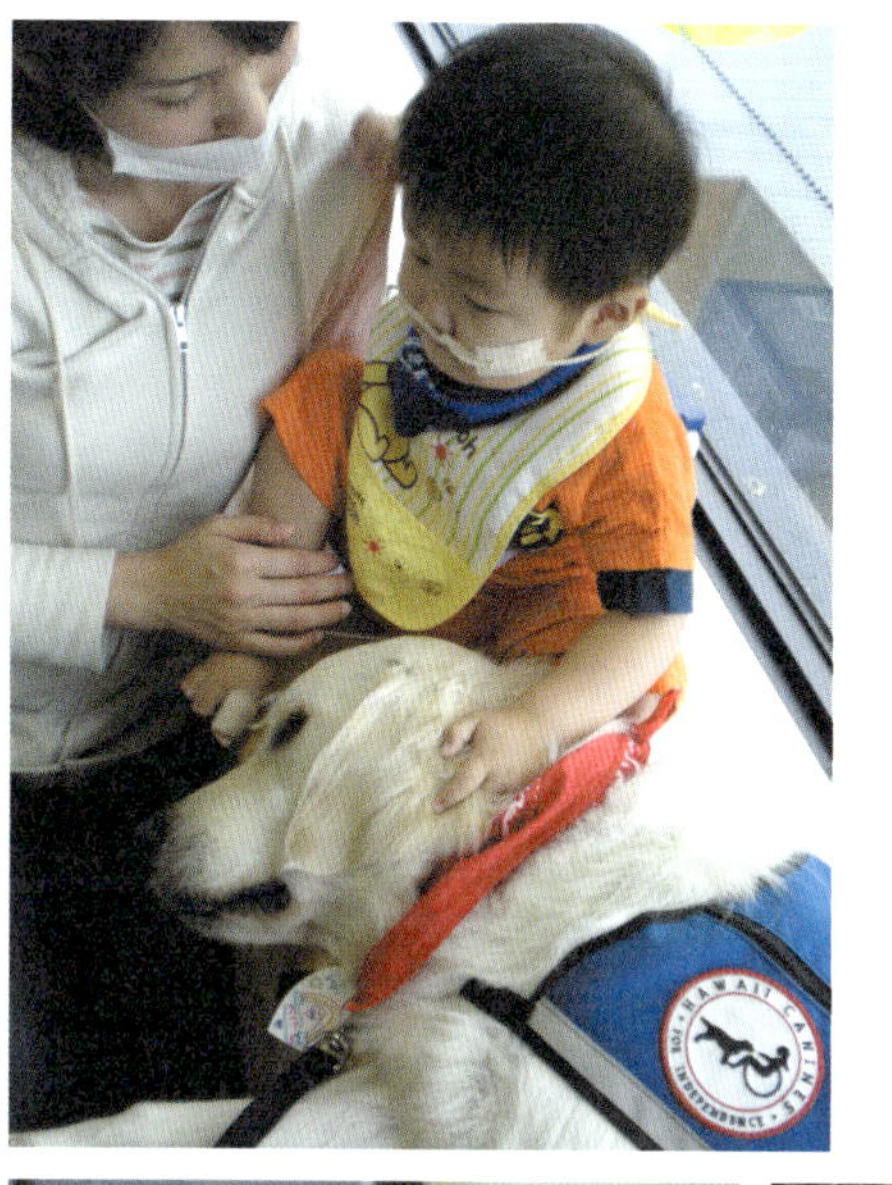

前を向く希望をくれたベイリー

植野寿美／元患者の母親
大和

息子、大和は12年間とても元気でした。ある日突然、意識障害になり、ドクターヘリで静岡県立こども病院へ運ばれました。けいれんが止まらず脳が委縮していき、自分で体を動かすことも、話すことも、大好きなバスケをすることも、食事も、笑うこともできなくなり、寝たきりに。薬だけが増えていき目の前が真っ暗になりました。

大和が病気になって1年が経った頃、ベイリーがやって来ました。当時、大和が入院していた病棟では規制があり、ベイリーが入れず、予約をして病棟外で会う決まりでした。大量の薬を使っていたため、目を開けることがほとんどできなかった大和。その大和が初めてベイリーの耳を触ったとき、目を開けたんです。驚きました。その後もベイリーに会っているときだけ目を開けていました。普段上がらない腕も、ベイリーを触るときだけ力が入らず上がるんです。そしてちょっと細かい揺れ（けいれん）があったとき、何をしても止まらなかったけど、ベイリーが大和の手をペロッとしたら揺れが止まったんです。

薬を使うことも大切。でも薬だけが治療ではないと思えた瞬間でした。

そして、言葉はなくても心と心でつながることができる。ベイリーに出会い、前を向くことができた。大和にもいろんな可能性がある。そう思えるようになりました。ベイリーに会うと自然と笑顔になりました。また頑張ろうと思えました。何よりベイリーは私たち家族の支えでした。

今はお空で走り回ってみんなと楽しく遊んでいるんだろうなぁ。大和が病気になって、つらく悲しく悔しい日々だったけど、悪いことばかりじゃないよって教えてくれたベイリーに心から感謝いたします。

ベイリーありがとう。またね。

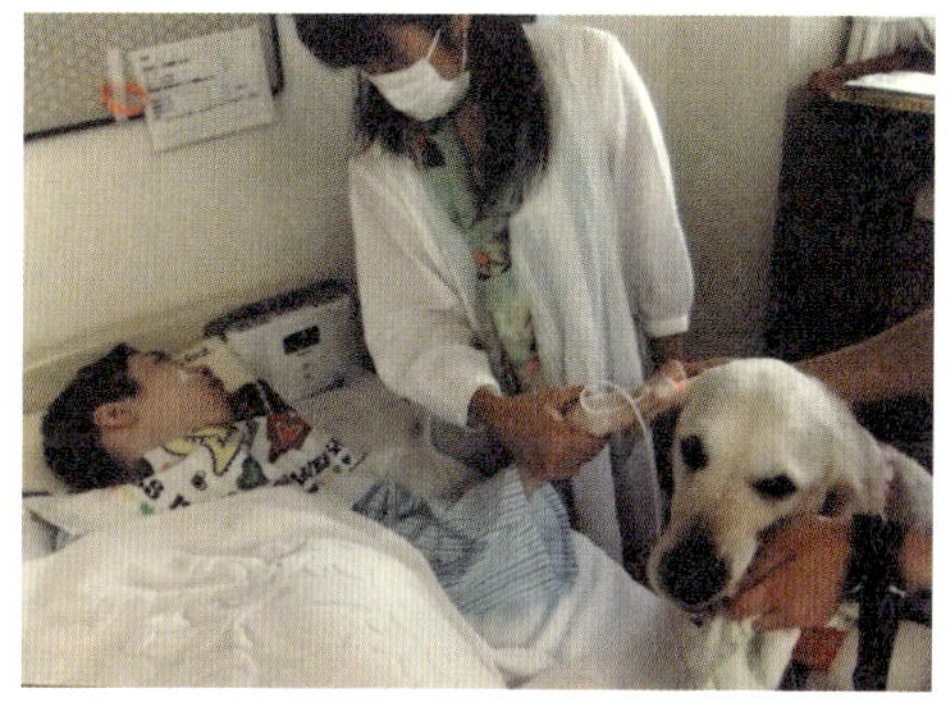

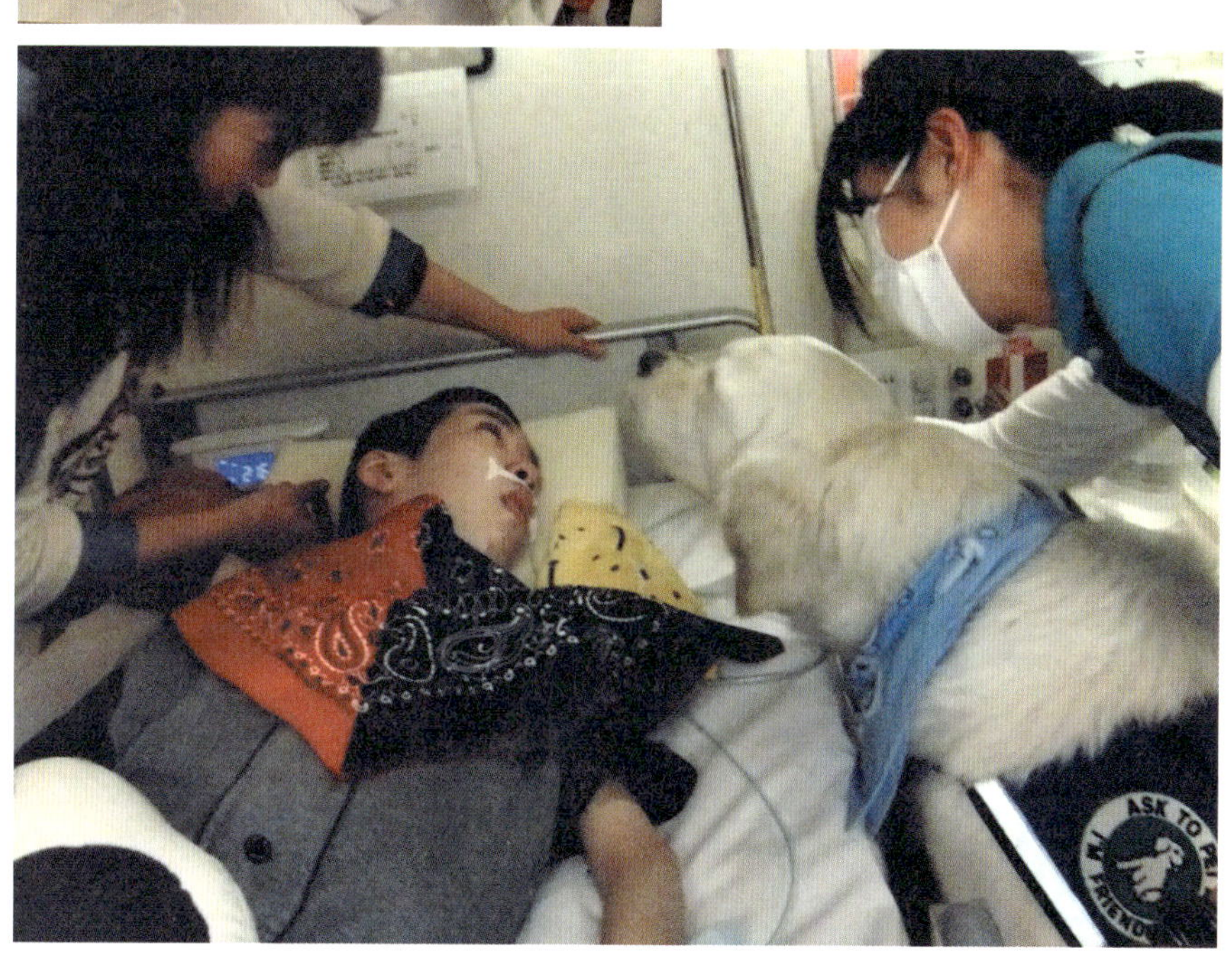

密着取材で見たベイリーの素顔

岩貞るみこ／ノンフィクション作家

ベイリーに会ったのは、２０１１年の春のこと。『ベイリー、大好き』（小学館）を書くために、数か月にわたり密着取材をさせてもらったときです。

病院で活動するベイリーは、ゆっくりした動きで子どもたちに寄り添います。プレイルームではずっと体を伏せて子どもたちに自由に自分の体をさわらせ、痛い治療をする子どもには、治療ベッドのそばにじっとついている。ベイリーの顔は、「きみががんばっていること、ぼくはわかっているよ」と伝えているようで、それが人間の勝手な解釈だと思いつつも、子どもたちはみんな勇気づけられ、治療に前向きに取り組んでいくのです。

ベイリー、すごい！

ベイリーを育てたアシスタンス・ドッグス・オブ・ハワイでは介助犬など、性格に応じて進む道を決めていきますが、ベイリーはそのおっとりとした性格から、子ども病院で働くことが最も適していると判断されて専門のトレーニングを受けました。ベイリーが持つ素質と、アシスタンス・ドッグス・オブ・ハワイでの適切なトレーニング。病院でのさまざまなふるまいは、まさにファシリティドッグ・ベイリーの本領発揮といったところでしょう。

ベイリーといっしょに生活し、24時間見守るハンドラーの森田優子さんは健康面だけでなく、ベイリーが楽しく毎日を過ごせるように寄り添います。ベイリーの大好きな散歩は、朝の一時間だけでなく、病院での活動が終わったあともさらに一時間行います。病院のまわりには、ベイリーの好奇心をくすぐる草や川や動物の気配がたくさんあるのです。その光景を撮影してくださったカメラマンの澤井秀夫さんの写真を見せていただくと、ベイリーはまさにビッグスマイルという笑顔で歩いていました。私は取材中、いつも散歩するベイリーたちの後ろからついていくだけだったので、「ベイリー、こんなに喜んでいるんだ！」と、写真を見たとたん思わず顔がほころんでしまいました。

森田さんは、週末になるとドッグランだけでなく、海や山にもいっしょに行きます。砂浜を走り、泥に背中を押し付け、雪に鼻を突っ込んではもぐらのにおい（？）を探す。そして、家に帰ってくると森田さんの姿を探し、そばに寝転がっては、なでてというように森田さんの脚をとんとんとたたきます。自由で野生的で、甘えん坊。これがあの病院でおとなしいベイリー？　と、びっくりしたものです。

オンとオフで別犬のようにふるまうベイリーはとても魅力的。病院でも、病棟と病棟をめぐるあいだのほんの少しの休憩時間にその片鱗を見せ、病院の方たちに愛されていたのだと思います。そう、ベイリーだったから、日本で初めてのファシリティドッグが、受け入れられたのかもしれません。

1を2にするのは簡単。でも、なにもない0から1を作り出すことは本当に大変なこと。それでも、ベイリーと森田さんは、病気やケガと闘う子どもたちのためにという北極星だけを見つめ、ぼうぼうと茂った荒野を歩いていきました。そしてそれはいつしか獣道になり、その道が少しずつ太くなってファシリティドッグは４頭まで増えることができました（２０２４年時点）。

ベイリーといっしょに荒野を歩いた森田さん、そして、シャイン・オン・キッズのみなさん。なにより、ベイリーを日本に送り出してくれた、モーさんに、日本人のひとりとして心から感謝を申し上げます。

ベイリーの思い出アルバム 2

Bailey's Memory Album

写真：澤井秀夫

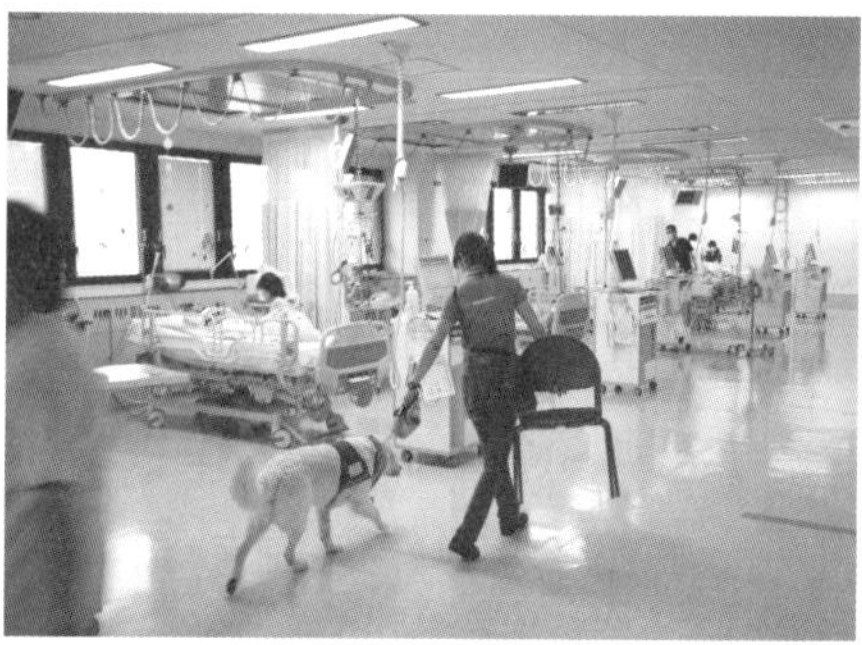

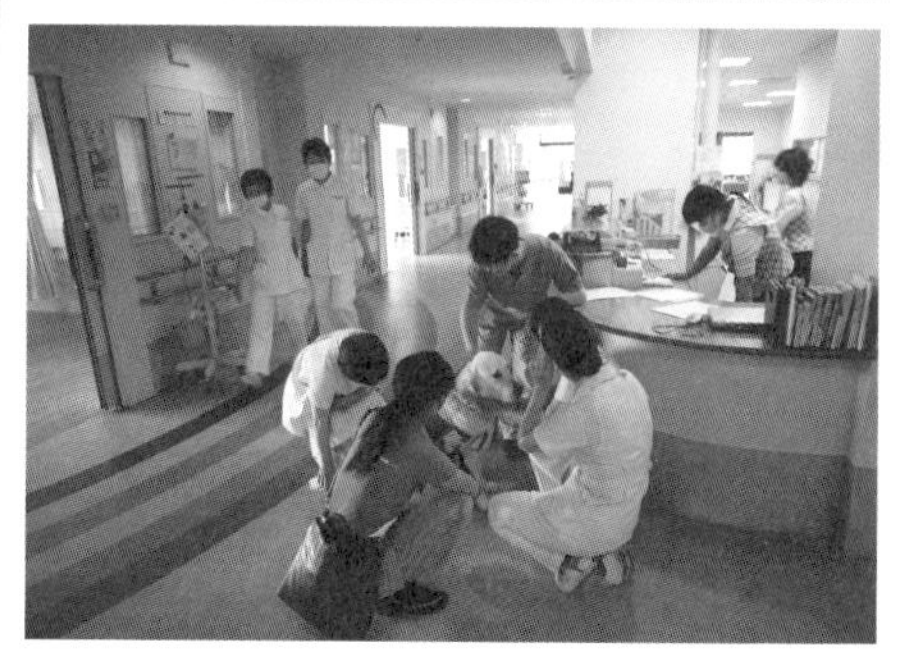

2020年10月1日に虹の橋を渡った、日本初のファシリティドッグ“ベイリー”。
特定非営利活動法人シャイン・オン・キッズでは、そのベイリーに敬意を表し、
オリジナルソング「Bailey‘s song（ベイリーのうた）」を発表しています。

Bailey' s song

So many lives Bailey you touched
So many fears you quieted

So many precious stories to tell
Of worried hearts now eased

Bailey Bailey you're star above
Bailey Bailey your bounding boundless love

Your furry touch gently heals us
Your smiling eyes always understand

Bringing peace just by being there
Courage light and love you give

Bailey Bailey you're star above
Bailey Bailey your bounding boundless love
Bailey Bailey your bounding boundless love

作曲：マーク・フェリス
作詞：キンバリ・フォーサイス、
　　　マーク・フェリス、ドナ・バーク
歌　：ドナ・バーク
ギター・ギター編曲：ビル・ベンフィールド
Music Composed：Mark Ferris
Lyrics：Kimberly Forsythe,
　　　Mark Ferris, Donna Burke
Vocals：Donna Burke
Guitar・Guitar Arrangement：Bill Benfield

※YouTubeでこの歌のオリジナル版（英語）を視聴いただけます。QRコードをスマートフォンやタブレット端末のカメラ（バーコードリーダー）で読み取ってください。QRコードが読み取れない場合、またはパソコンなどで閲覧する場合はブラウザにアドレスを入力してください。
https://www.youtube.com/watch?v=NvmYOAeysDc

ベイリーのうた

きみがふれたいのち
ふあんでさびしいきもち
だれよりもふかいあい
こころがはれていく
ベイリー　ベイリー　かがやくほし
ベイリー　ベイリー　ほほえむほし
きみはひかり

ふわふわのぬくもり
たましいのつながり
つつみこむまなざし
ゆうきのみなもと
ベイリー　ベイリー　かがやくほし
ベイリー　ベイリー　ほほえむほし
きみはひかり
ベイリーベイリーベイリー
きみはひかり

治療中の子どもたちや関係者が日本語の歌詞を歌ってくれた動画「ありがとうベイリー！～日本初のファシリティドッグとその軌跡～」もYouTubeで視聴いただけます。動画の16分すぎからが歌の部分ですが、ベイリーのことをさらに詳しく知ることができる内容となっていますので、ぜひすべてをご視聴ください。
https://www.youtube.com/watch?v=2UGzpliWDCI&t=1373s

解説

ノーベル生理学・医学賞を1973年に受賞した動物行動学者のコンラート・ローレンツは、著書『人イヌにあう』（早川書房、2009年）の中で、

イヌのすべての魅力は、その友誼（ゆうぎ）の厚さと、彼が人間と結ぶ精神的な連帯の強さにある

と述べています。本書で紹介されている15頭の犬の物語は実話であり、犬の豊かな感情、思慮深さ、パートナーへの深い愛情、そして、犬と人の強い絆が描かれています。犬の飼育頭数が減少している昨今の日本において、本書はローレンツが感じていた犬の素晴らしさを、犬と交流する機会の少ない読者にも、説得力を持って伝えてくれます。

人のまわりには多くの動物がいますが、犬は心理的にも物理的にも、人に最も近い存在であり続けてきました。犬は少なくとも1万5千年前にはオオカミから家畜化され、人と緊密な関係を持っていたと考えられています。どんな動物よりも早く、人と生活するようになった動物なのです。人と犬がともに生きてきた長い年月の中で、最初は番犬や食料としての限られた役割しか持たなかった犬は、いつしか多種多様な役割を社会で担うようになってきました。現在、世界には実に様々な役割を持つ犬が存在します。補助犬、セラピードッグ、ファシリティドッグ、災害救助犬、軍用犬、警察犬、麻薬探知犬、検疫犬、がん探知犬、保全犬……、そして、多くの人にとって最も身近なコンパニオンドッグ（またはペット）も忘れてはいけません。本書には、ファシリティドッグ（タッカー、ヨダ、ポノ、ベイリー）、コンパニオンドッグ（サンバ）、介助犬（ハンク、ナイト、リーダー、

ペニー、ゼウス、エマ、トルーパー）、介助犬／盲導犬（フリーダム）、介助犬／てんかん発作探知犬（オリバー）、医療探知犬（サム）が登場し、日本でも活躍している種類の犬だけでなく、日本では馴染みのない犬も紹介されています。いずれも、人の医療や福祉の分野で活躍する犬です。

障害や病気のあるパートナー（飼い主）の補助をする犬のことを、英語では一般的に「アシスタンスドッグ」とよびます。アシスタンスドッグは、障害や病気で生じる日常生活の困難を補助するために、特別な訓練を受け、複数の補助作業を行います。日本でよく知られているのは盲導犬（ガイドドッグ）です。目の見えない人や見えづらい人に段差、曲がり角、障害物などを伝えることで、パートナーが安全に歩くためのサポートをします。日本には盲導犬の他に、耳の不自由な人に生活で必要な音（インターフォン、非常ベル、クラクションなど）を知らせる聴導犬（ヒアリングドッグ）、そして、手や足などに障害（肢体不自由）のある人を補助する介助犬（モビリティ・サービスドッグ）が、「身体障害者補助犬法」という法律で定められています。本書では日本でいうところの介助犬（モビリティ・サービスドッグ）以外の役割をする犬（たとえば、ペニー）も、「介助犬」と記載されていますが、日本の法律では、身体障害のある人をサポートする犬に限っていることから、正式には「身体障害者補助犬」、略して補助犬といいます。

一方、世界では身体障害以外の障害や病気をサポートするアシスタンスドッグが活躍しています。例えば、てんかん発作や低血糖を予知する犬や、自閉症や精神疾患のある子どもや大人をサポートする犬もいます。特に、自閉症や精神疾患のある人をサポートする犬は、１９９０年代以降、アメリカを中心に急速に増加してきました。このような犬はいずれもアシスタンスドッグのうち「サービスドッグ」に分類されます。また、本書で紹介されているフリーダムやオリバーのように、重複障害を持っているパートナーのために、複数の役割をするアシスタンスドッグもいます。また、子どものためのアシスタンスドッグも欧米では育成されています。本書でも子どもをサポートする例が紹介されていますが、日本では補助犬を適切に管理できる成人のみが補助犬のパートナーとして認定されることになっています。このように日本と海外でアシスタンスドッグを取り巻く制度や環境にいくらか違いがあります。そのような中、欧米（特に、アメリカ）では、人と犬のかかわりから、犬の能力を生かした役割が次々と生まれ、現在も新たな役割が生まれています。日本でも欧米にならい、新たな役割の犬の存在が少しずつ受け入れられています。

２０１０年に日本に導入されたファシリティドッグもそのひとつです。ファシリティドッグは、病院や児童権利擁護施設、教育機関など、特定の施設で活動する犬です。看護師や検察官、司法面接官など、ファシリティドッグが活動する施設に勤務する専門家が、ハンドラーになるケースが多くあります。ファシリティドッグは、活動する施設にいる対象者に合わせた特別な訓練を受けており、ハンドラーも犬のハンドリングや管理等にかかわる教育を受けています。タッカー、ヨダ、ベイリーのようなホスピタル・ファシリティドッグや、ポノのようなコートハウス・ファシリティドッグが活躍しています。

本書の原題を見ると、アシスタンスドッグの中にファシリティドッグが含まれている表現になっています。これまで社会で活躍する犬の役割が急速に拡大する中、名称や定義について議論が進んできました。現在では、ファシリティドッグとアシスタンスドッグは異なる存在として認識されています。アシスタンスドッグがサポートするのは、障害や病気のあるパートナー（飼い主）自身であり、多くの国の法律で、障害のある人が公共施設等を利用する際に、アシスタンスドッグを同伴する権利が認められています。一方、ファシリティドッグは病院に入院する患者や虐待を受けた子どもなど、飼い主ではない第三者をサポートします。人の幸福（ウェルビーイング）を高めることを目的に、医療、福祉、教育などの専門家が、適性のある動物と協働して提供する専門サービスのことを、「動物介在介入（または、動物介在サービス）」とよびますが、ファシリティドッグとともに行われる活動は、この動物介在サービスの一種です。なお、一部の地域をのぞいて、ファシリティドッグは施設等への立ち入りが法的に認められているわけではありません。このようにアシスタンスドッグとファシリティドッグの分類は異なるものの、本書に出てくるアシスタンスドッグやファシリティドッグは、高い基準に則って育成されているという点では共通しています。この基準を設けているのが、アシスタンス・ドッグス・インターナショナル（Assistance Dogs International、以下ＡＤＩ）という国際連合です。ＡＤＩは、質の高いアシスタンスドッグの育成や業界の水準のさらなる向上にむけて、基準を満たす育成団体の認可などを行う組織です。本書に登場する犬を育成しているアシスタンス・ドッグス・オブ・ハワイもＡＤＩの認可を受けています。

ところで、本書は「犬」が主役のため、犬のことばかり話題に上げましたが、医療や福祉の分野で活躍する動物は、犬だけではありません。アメリカでは、ミニチュア・ホースも障害のあるパートナーの補助をするアシスタンスアニマルとして、法的に認められている存在です。また、動物介在サービスには、馬、猫、モルモットなど、犬以外の動物も多くみられます。ただし、いずれも、実働数や活動数は、犬が圧倒的に多いのが現状です。これは犬が人に最も身近な動物であり、飼育頭数が多いということもありますが、それ以上に犬の持つ「性質」にこそ、その理由があるといえるでしょう。犬は人のわずかなしぐさや感情を読み取ることに長けており、人の感情に共感する能力を持つことも明らかになっています。また、若い頃だけでなく、成長しても遊び好きであり、人と一緒に遊ぶことを好みます。さらに、人とともに作業することへの意欲が高い動物でもあります。人の心を読み取る力、鋭い観察力、人との協働作業など、犬の性質を垣間見られるエピソードは、本書の随所に見られます。第8話にでてくるペニーは、トレーニングを受けた作業ではありませんが、マイキーの呼吸が止まっていることを母親のアンジーに伝えたことで、マイキーの命を救いました。状況に応じてペニーが考え、判断し、行動していることがわかります。様々な役割を「やらされている」のではなく、犬が人の存在や人との交流をポジティブにとらえ、人と深い絆を結び、自ら人に働きかける性質を持っているからこそ、医療や福祉を含む様々な分野で犬が最も多く活躍しているのです。

ただし、犬の性質が人との関わりに向いているといっても、すべての犬がアシスタンスドッグやファシリティドッグの適性を備えているわけではありません。むしろ、アシスタンスドッグやファシリティドッグに求められる適性を備えている犬の方が限られています。犬に無理をさせて作業をさせるのではなく、人との関わりを楽しめる犬であり、心身ともに満たされた犬だからこそ、医療や福祉の現場で力を発揮することができます。そのために、アシスタンスドッグやファシリティドッグの育成に関して、繁殖、馴致（じゅんち）、訓練、スクリーニング、ハンドラー教育、フォローアップなど、犬の生涯にわたる専門的な技術が業界の中で培われてきました。本書では、いかに丁寧にアシスタンスドッグやファシリティドッグが育成されているかについて、よく知ることができます。例えば、アシスタンスドッグやファシリティドッグは、コンパニオンドッグが利用することがない施設や環境で活動し、その中でコンパニオンドッグは出会わないであろう様々な刺激に遭遇することになります。そのため、生まれて間もない頃から、多種多様な刺激に対する馴致や経験を積んでいきます。本書に出てくる犬もアシスタンスドッグやファシリティドッグとしてデビューする前から、飛行機（貨物室ではなく客室）や船に乗ったり、大きな都市を訪れたり、様々な経験をしています。国（地域）によっては、実働中の犬と同じように訓練中の犬も公共施設等への同伴が法的に認められていることがあります。また、そのような法律はなくても、働く犬に対して寛容な社会では、訓練中の犬が社会の中で様々な経験をすることが可能となっています。

ただ、第1話で紹介されていますが、生後3か月ほどのタッカーが病院を訪れることには、注意が必要です。病院は様々な活動場所の中でも、特に感染管理が求められる場所です。子犬は排泄のコントロールが不十分であること、免疫系が十分に発達していないこと、舐めたり噛んだりといった行動の制御を学んでいない段階であり、行動への信頼や予測が困難であることなど、犬と人双方の福祉および安全の観点から、1歳未満の犬の活動への参加は推奨されていません。タッカーを育成したアシスタンス・ドッグス・オブ・ハワイは世界的な先駆者として熟練の技術と経験があるからこそ安全に実施できていますが、犬の経験のためとはいえ、生後数か月の子犬を病院に連れていくことは、避けた方がよいでしょう（私がアドバイザリボードとして関わるシャイン・オン・キッズでも、育成事業の開始にあたって、病院での活動を始める犬の年齢設定について、社会への影響も考慮し慎重に協議した背景がありました）。

最後に、あらためて「心身ともに満たされた犬でなければ、最大限の効果を発揮することはできない」ということをお伝えしたいと思います。本書に出てくる15頭の犬は、アシスタンス・ドッグス・オブ・ハワイのトレーナー、そして、パートナーとその家族といったすべての人々から深い愛情を注がれています。第11話のポノのエピソードに「ゆったりと安定した寝息と胸が穏やかに上下する様子は、部屋にいる全員の心を落ち着かせる効果がありました」とあります。傍らにいる犬が穏やかにリラックスしている姿は、この環境が安全であるというメッセージを伝えてくれます。裏を返せば、ストレスを抱えて落ち着きのない犬がいた場合、犬の福祉に悪影響をもたらすことはもちろん、犬とかかわる人にもネガティブな情動を引き起こします。犬がいれば良いのではなく、適性のある心身ともに満たされた犬の存在が不可欠です。本書に登場するアシスタンス・ドッグス・オブ・ハワイや、ベイリーの後輩たちを育成しているシャイン・オン・キッズのような、犬の福祉にも配慮して犬の育成に向き合う良質な団体が、多くの素晴らしい犬を社会に届けてくださり、さらに多くの笑顔が生まれていくことを期待します。

山本真理子／帝京科学大学生命環境学部アニマルサイエンス学科講師、学術博士。特定非営利活動法人シャイン・オン・キッズ　ファシリティドッグ・アドバイザリーボード

著者

モーリーン・“モー”・マウラー（Maureen “Mo” Maurer）

「アシスタンス・ドッグス・オブ・ハワイ」と「アシスタンス・ドッグス・ノースウェスト」の創設者兼エグゼクティブ・ディレクター。シアトルで生まれ育ち、イヌ研究の修士号を持つ。夫のウィルと共に、介助犬の力を借りて障害者やその他の特別な支援を必要とする人々を助けることに人生を捧げている。モーとウィルは、マウイ島とベインブリッジ島を行き来しながら、２頭の犬・セイディとサムソン、そして絶え間なくやってくる、トレーニング中のヒーローの犬たちと共に過ごしている。

ジェナ・ベントン（Jenna Benton）

オレゴン州南部出身のライティング・コーチ、編集者、フリーライター。こよなく愛しているのはリサーチとコーヒー、人々や企業がストーリーを語る手助けをすること（順不同）。詳細はウェブサイト www.jennabenton.com を参照。

「アシスタンス・ドッグス・ノースウエスト」は、
障害やその他の特別なニーズを持つ子どもや大人に、
彼らの自立性を高め、生活の質を高める
専門的にトレーニングされた犬を提供する慈善団体です。

詳細は www.assistancedogsnorthwest.org をご覧ください。

AssistanceDogsNW

assistancedogsnorthwest

assistancedogsnorthwest

監訳者

特定非営利活動法人シャイン・オン・キッズ

小児がんや重い病気の子どもとその家族をエビデンスに基づいた心のケアのプログラムで支援している。ファシリティドッグ・プログラム（動物介在療法）、ビーズ・オブ・カレッジ プログラム（アート介在療法）、シャイン・オン！コミュニティ（小児がん経験者のキャリア支援やWEBコミュニティ運営）、シャイン・オン！コネクションズ（小児病棟向けに心のケアや学習支援アクティビティをオンラインで提供）などを運営。2006年に設立。2024年10月現在、全国31病院で活動中。

ウェブサイト
https://sokids.org/ja/

https://www.instagram.com/facilitydogs_sok/

https://www.facebook.com/sokids.org/

https://twitter.com/sokidsJP

https://www.youtube.com/shineonkids

シャイン・オン・キッズのファシリティドッグ・プログラム

ファシリティドッグとは、医療施設などで働く専門的なトレーニングを受けた犬のことで、同じく専門的な研修を受けたハンドラーとペアで活動する。アメリカをはじめ、世界各国で活動が行われているが、日本では2010年、シャイン・オン・キッズと静岡県立こども病院との協働事業によって導入が始まった。15年目の現在、静岡県立こども病院、神奈川県立こども医療センター、東京都立小児総合医療センター、国立成育医療研究センターの4病院に導入されている。シャイン・オン・キッズのファシリティドッグの最大の特徴は、平日5日間、常勤で活動していること。そして、臨床経験5年以上の医療従事者が専任のハンドラーを務めること。これによって、病院内の医療チームの一員としての活動がより円滑になっている。また、主治医や多職種と連携しながら、計画的な介入を積極的に行う。シャイン・オン・キッズと静岡県立こども病院・関西大学との共同研究から、特に終末期の緩和ケアの一助になったり、前向きに治療に取り組めることを促す効果があると、ケアに関わる医療者が評価していることを明らかにし、国際学術論文で発表している。

シャイン・オン・キッズの活動は寄付金で成り立っている。支援に関する情報は以下のサイトへ。

https://sokids.org/ja/how-to-help/donate/

翻訳者

齋藤めぐみ

北里大学獣医畜産学部獣医学科卒業。獣医師。動物病院での勤務経験などを活かし、主に獣医学書や生きものに関連する出版物の翻訳に携わる。訳書に『エキゾチックアニマルの治療薬ガイド』（緑書房）、『猫ってなにもの？　猫にまつわる250のクエスチョン』（分担翻訳、ロイヤルカナン ジャポン）など。

ワンダードッグ 人に寄り添う犬たち

日本初のファシリティドッグ“ベイリー”とその仲間たちの物語

2024年12月30日　第1刷発行 ©

著　　者……モーリーン・マウラー、ジェナ・ベントン
監　　訳……特定非営利活動法人シャイン・オン・キッズ
翻　　訳……齋藤めぐみ
発 行 者……森田浩平
発 行 所……株式会社 緑書房
〒103-0004
東京都中央区東日本橋3丁目4番14号
TEL　03-6833-0560
https://www.midorishobo.co.jp
日本語版編集……宮下　穣、中村沙緒理
組　　版……泉沢弘介
印 刷 所……シナノグラフィックス

ISBN978-4-86811-017-0　Printed in Japan